安徽省人工智能教材建设重点研究基地开放课题（项目编号：2023ZD001）

人工智能科学与技术丛书

无人系统任务规划

蔡柏林　宋　军　陈向成　◎ 编著
余　涛　梁　栋　张　良

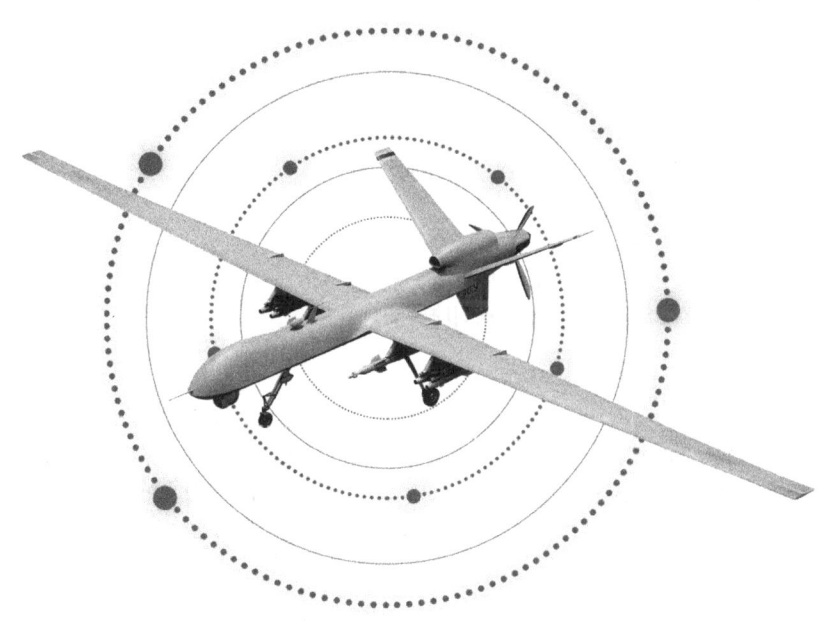

图书在版编目(CIP)数据

无人系统任务规划 / 蔡柏林等编著. -- 合肥：安徽大学出版社，2025.4(2025.9重印). --(人工智能科学与技术丛书). -- ISBN 978-7-5664-2832-5

Ⅰ.TP18

中国国家版本馆 CIP 数据核字第 2024CJ6777 号

无人系统任务规划
WURENXITONG RENWUGUIHUA

蔡柏林 等 编著

出版发行：	北京师范大学出版集团 安 徽 大 学 出 版 社 (安徽省合肥市肥西路3号 邮编230039) www.bnupg.com www.ahupress.com.cn
印　　刷：	江苏凤凰数码印务有限公司
经　　销：	全国新华书店
开　　本：	710 mm×1010 mm　1/16
印　　张：	13.25
字　　数：	275 千字
版　　次：	2025 年 4 月第 1 版
印　　次：	2025 年 9 月第 2 次印刷
定　　价：	45.00 元

ISBN 978-7-5664-2832-5

策划编辑：刘中飞　宋　夏		装帧设计：李　军　孟献辉	
责任编辑：宋　夏		美术编辑：李　军	
责任校对：陈玉婷		责任印制：赵明炎	

版权所有　侵权必究

反盗版、侵权举报电话：0551—65106311
外埠邮购电话：0551—65107716
本书如有印装质量问题，请与印制与运营中心联系调换。
印制与运营中心电话：0551—65106311

前　言

近年来，无人系统发展迅猛，其历史可以追溯到二战时期。当时，无人系统主要被用于探索军事侦察和攻击的可能性。如今，无人系统已在军事、工业、科研等领域得到广泛应用。随着人工智能技术的发展和任务需求的增长，无人系统将被赋予完成更复杂、更关键任务的能力。而任务规划则是无人系统走向智能化、自动化的关键技术之一。

本书旨在为从事无人系统研究的初学者提供任务规划基础相关的学习参考，围绕无人系统任务规划中的关键点展开，重点介绍任务规划中的基础理论和关键技术，同时通过典型案例介绍任务规划在各个领域的应用，全书共7章。

第1章无人系统概述，介绍无人系统的概念、分类、发展、应用领域，以及典型无人系统及其关键技术，带领读者打开无人系统的大门。

第2章无人系统任务规划概述，简单介绍任务规划与无人系统任务规划，以及无人系统任务规划的流程、角色、相关技术和社会影响，帮助读者建立对无人系统任务规划的初步认识。

第3章无人系统任务分配，通过对任务分配概念、模型、算法的介绍，阐述如何有效地将系统中的任务合理地分配给各个执行单元，以提高无人系统的工作效率和性能，并全面阐述任务分配在无人系统中的重要性和复杂性。

第4章无人系统路径规划，深入解析路径规划、基本全局路径规划算法、基本局部路径规划算法和动态路径规划算法。通过算法比较和案例分析，详细介绍路径规划的各种算法及其在无人系统中的具体应用。

第5章智能决策与调度，介绍智能决策的概念、基本智能决策算法、无人系统的调度策略、基本调度算法、任务协同控制、无人系统决策的自主性与人工干预。通过智能算法比较和案例分析，使读者了解智能决策对无人系统性能提升的重要意义，以及智能决策在实际应用中的挑战与前景。

第6章无人系统任务规划案例,深入分析空中飞行器任务规划案例、地面机器人任务规划案例、空地异构任务规划案例、水下探测器任务规划案例、多模态任务规划案例,介绍无人系统在各个领域的应用场景、技术挑战和解决方案,为未来的研究和实践提供有益参考。

第7章未来发展趋势与挑战,探讨无人系统的未来发展,简述无人系统任务规划面临的技术挑战与跨学科研究领域,并为读者提供未来学习和研究的建议。

本书的出版得到安徽省人工智能教材建设重点研究基地开放课题(2023ZD001),教育部产学合作协同育人项目(220601094272740),高等继续教育示范基地建设项目(2022jxjyjd001)的资助。

本书由安徽大学蔡柏林、宋军、陈向成、余涛、梁栋、张良等共同编著而成。黄宏志、郑泽楠、符磊也为本书贡献了很多心智。在编写过程中,我们借鉴了众多专家、学者的研究成果和思想智慧。在此,我们向他们致以最诚挚的谢意,感谢所有直接或间接为本书的出版贡献智慧、付出心力、提供帮助的人们,无论是提供专业建议、审阅稿件,还是给予支持和鼓励,你们的贡献都是不可或缺的,我们怀着满满的感激之情,向你们表达最诚挚的感谢!

由于编著者水平有限,书中难免存在一些错误和不足之处,因此,我们恳请同行专家和学习者不吝指正。您的宝贵意见和建议将有助于我们不断改进和完善本书,提高其质量和价值。

编 著 者

2024 年 8 月

目　录

第1章　无人系统概述 ... 1
1.1　无人系统的概念 ... 1
1.2　无人系统的分类 ... 3
1.3　无人系统的发展 ... 4
1.4　无人系统的应用领域 ... 10
1.5　典型无人系统及其关键技术 ... 12
习题1 ... 17

第2章　无人系统任务规划概述 ... 18
2.1　任务规划与无人系统任务规划简介 ... 18
2.2　无人系统任务规划流程 ... 24
2.3　无人系统任务规划的角色 ... 36
2.4　无人系统任务规划相关技术 ... 40
2.5　无人系统任务规划的社会影响 ... 44
习题2 ... 47

第3章　无人系统任务分配 ... 48
3.1　无人系统任务分配概念 ... 48
3.2　无人系统任务分配模型 ... 51
3.3　无人系统任务分配算法 ... 56
习题3 ... 85

第4章　无人系统路径规划 ... 87
4.1　路径规划 ... 87
4.2　基本全局路径规划算法 ... 90

4.3 基本局部路径规划算法 ········· 99
4.4 动态路径规划算法 ············ 105
习题 4 ························ 114

第 5 章 智能决策与调度 ············ 117
5.1 智能决策的概念 ············· 117
5.2 基本智能决策算法 ············ 120
5.3 无人系统的调度策略 ··········· 140
5.4 基本调度算法 ··············· 143
5.5 任务协同控制 ··············· 147
5.6 无人系统决策的自主性与人工干预 ··· 151
习题 5 ························ 154

第 6 章 无人系统任务规划案例 ········ 155
6.1 空中飞行器任务规划案例 ········ 155
6.2 地面机器人任务规划案例 ········ 161
6.3 空地异构任务规划案例 ········· 165
6.4 水下探测器任务规划案例 ········ 168
6.5 多模态任务规划案例 ··········· 173
习题 6 ························ 181

第 7 章 未来发展趋势与挑战 ········· 182
7.1 无人系统任务规划的未来发展趋势 ··· 182
7.2 技术挑战与跨学科研究领域 ······· 188
7.3 未来学习和研究的建议 ········· 195
习题 7 ························ 200

参考文献 ························ 201

第1章 无人系统概述

【本章目标】
1. 理解无人系统的基本概念。
2. 了解无人系统的发展历程和应用领域。
3. 掌握无人系统的分类、架构及关键技术。

1.1 无人系统的概念

无人系统由无人平台及若干辅助部分组成,是具备自主完成预定任务能力的有机整体,是一类完全无人干预的自主系统,是信息化和机械化高度结合的产物。无人系统一方面要实现自主操作,另一方面要实现"无人/无人"的协同操作方式。自古以来,人类创造了各种类型的无人系统。随着人类知识水平的提高,无人系统的技术水平也逐渐提高。特别是随着人工智能技术的出现,无人系统从最初的机械装置,逐步发展为具有感知能力的、能够进一步探索且拥有智能的系统。机器人从第一代工业机器人,发展到第二代具有感知的机器人,再发展到今天的第三代智能机器人。随着新一代人工智能的兴起,各种形态的无人系统不断涌现并快速发展,不断推动着新一轮产业革命的到来。

在现代的无人系统技术背景中,无人系统由平台、任务载荷、指挥控制系统及天—空—地信息网络等组成,如图1-1所示,是集系统科学与技术、信息控制科学与技术、机器人技术、航空技术、空间技术和海洋技术等一系列高新科学技术为一体的综合系统。多学科间的交叉融合与综合应用是无人系统构建的基础。

无人系统主要是以海、陆、空自主无人运载操作平台、复杂无人生产加工系统以及无人作战平台等为典型对象,深入研究智能自主无人系统的总体技术,包括系统架构与平台设计以及标准制定等方面。无人系统的关键技术包括非结构化环境智能感知识别、多无人系统协调规划与冲突消解、复杂环境智能控制等。应用示范包括无人车、无人机、服务机器人、空间机器人、海洋机器人、无人车间/智能工厂,以及无人系统共性应用技术等。

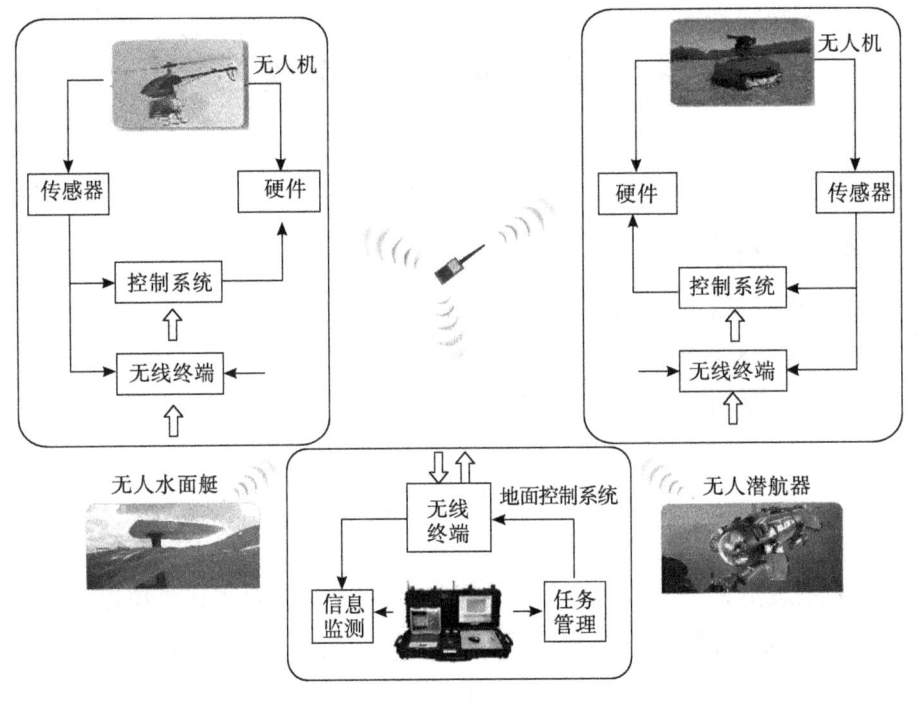

图1-1 无人系统架构示意图

无人系统是新一代人工智能的重要组成部分,也将成为人工智能发展的标志性成果。自主性和智能性是无人系统最重要的两个特征,利用人工智能的各种技术,如图像识别与理解、学习和推理、人机交互、智能决策、协同控制等,是实现和不断提高无人系统这两个特征的最有效方法。

我国发布的《新一代人工智能发展规划》指出,建立新一代人工智能关键共性技术体系,其中在自主无人系统的智能技术方面,应重点突破自主无人系统计算架构、复杂动态场景感知与理解、实时精准定位、面向复杂环境的适应性智能导航等共性技术,无人机自主控制以及汽车、船舶和轨道交通自动驾驶等智能技术,服务机器人、特种机器人等核心技术,支撑无人系统应用和产业发展。

针对高精度、高机动、强实时、高可靠等高性能需求,研制无人系统,体现新一代人工智能(基于大数据智能、群体智能、感知和跨媒体智能、混合智能、自主智能等)的前瞻性,并推动新一代人工智能的研究。

1.2 无人系统的分类

无人系统可以根据多种标准进行分类,如应用领域、任务类型、技术特性及操作环境等。它们为无人系统构建出了一个多维度、多层次的分类体系。这一体系为无人系统的研究、开发和实际应用提供了更为系统和全面的观察角度。通过对无人系统进行分类,可以帮助我们更好地把握其发展趋势,更清晰地了解各种类型无人系统的特点、优势以及应用场景,并推动其应用在各个领域。

1. 按应用领域分类

无人系统按应用领域可分为:军用无人系统,主要包括无人作战飞行器、无人作战地面车辆、无人水下作战航行器、无人水面作战舰艇等;民用无人系统,主要包括民用无人机(如国内的大疆无人机)、自动驾驶无人车(如特斯拉的智能驾驶系统)、智能家居中的无人服务机器人(如智能扫地机)以及用于农业的无人驾驶农机等;商用无人系统,主要包括电商和物流的智能物流系统、娱乐行业的无人机器人和用于表演的无人机等。

2. 按任务类型分类

无人系统按任务类型可分为:侦察与监视无人系统;运输与物流无人系统;灾害应对与救援无人系统。

3. 按传感器类型分类

无人系统按传感器类型可分为:视觉导航型无人系统;激光雷达型无人系统;红外型无人系统。

4. 按自主性程度分类

无人系统按自主性程度可分为:遥控无人系统;半自主无人系统;全自主无人系统。

对无人系统进行有效地分类,不仅有助于推动无人系统在各个领域的应用,而且有利于推动人工智能和自动化技术的发展。从军用到民用,再到商用,无人系统的应用范围日益扩大,涵盖了诸多领域,如军事、民航、物流、农业等。通过对不同任务类型和技术特征的无人系统进行分类,我们可以更好地了解其在各个领域的具体应用和发展趋势。

1.3 无人系统的发展

无人系统的历史可以追溯到二战期间。当时,无人系统主要用于探索军事侦察和攻击的可能性。这些早期的无人飞行器主要是由遥控器操控的,虽然在技术上还比较简单,但为后来的无人系统发展奠定了基础。

随着科技的进步,无人系统迈入了一个新的发展阶段。20世纪50年代,美国开始研发无人驱动式飞行器,即无人机。这些无人机主要用于高空侦察和情报收集,对于军事目的具有重要意义。然而,由于当时的技术限制,无人机的使用还比较有限,并且需要大量的人力进行操作。

20世纪70年代至80年代,随着计算机技术的快速发展,无人系统开始进入一个全新的时代。自主飞行技术的引入使得无人机能够在没有人为干预的情况下自主执行任务。这种自主能力的提升使得无人系统的效能得到了显著提高,不再依赖于人工操作。

20世纪90年代,随着全球定位系统(Global Positioning System,GPS)的发展和应用,无人系统的定位精度得到了大幅提升。GPS技术使得无人系统能够更准确地进行导航和定位,同时也为无人系统的自主飞行提供了强大的支持。

21世纪以来,随着人工智能技术的飞速发展,人们纷纷探讨无人系统对人类社会的深刻改变。斯坦福大学于2016年9月发布的《2030年的人工智能与生活》报告中,关于家用机器人的展望引起了广泛关注。报告指出,在过去的15年中,机器人已经进入了人们的家庭。然而,应用的增长速度相对缓慢,与此同时,日益复杂的人工智能技术也逐渐应用到现有的机器人系统中。人工智能的进步通常从机械方面的创新中汲取灵感。

机械和人工智能技术的共同进步将提高家用机器人的安全性和可靠性。专用机器人将被广泛应用于快递、办公室清洁和安全强化等领域。然而,在可预见的未来,技术限制和成本高昂的可靠机械设备仍将限制狭窄领域内应用的商业机会。至于自动驾驶汽车和其他新型的交通工具,创造可靠、成熟的硬件的难度不应被低估。未来的无人系统发展前景依然广阔。随着技术的进一步突破和创新,无人系统将在更多领域发挥重要作用。

1.3.1 国外发展现状

国外的无人系统发展与军事领域密切相关,特别是军用无人系统的迅速发展。因此,在探讨无人系统的发展现状时,需要特别关注其在军事领域的迅速演进,主要包括陆地无人系统、空中无人系统和海洋无人系统三个方面。

1. 陆地无人系统

陆地无人系统主要用于情报搜集、侦察巡逻、扫雷除障、火力打击、战场救援、后勤运输、通信中继以及电子干扰等领域,随着陆地无人系统在战斗中的优势愈发凸显,相关研究愈发受到各国的广泛关注。

美国曾于1993年11月启动"联合战术无人车"项目,即"角斗士"无人作战平台项目的前身。2006年,美国完成了"角斗士"无人作战平台全系统的设计,并于2007年正式装备海军陆战队。"角斗士"无人作战平台是世界上第一款多用途无人作战平台,其搭载的传感器系统有日/夜摄像机、GPS定位系统以及声学与激光搜索系统等,并装备有机枪、冲锋枪、催泪弹、狙击系统、生化武器探测系统等,可以在不同的天气和地形下执行侦察、核生化武器探测、突破障碍、反狙击手、火力打击与直接射击等任务。"角斗士"无人作战平台搭载有高机动性和高生存能力的底盘。针对该平台,美国还开发了便携式手持控制系统,并围绕该控制系统的抗干扰性、网络互操作性、小型化与操纵简便化等技术问题完成了一系列开发工作。但"角斗士"无人作战平台的装甲防护能力较弱,执行任务的隐蔽性较差,导致其远程侦察与控制系统面临的干扰较多。除此之外,美国陆军还部署了一些其他的陆地无人系统,如"蝎子"机器人、"魔爪"机器人等。2017年,美国陆军制定了《机器人与自主系统(RAS)战略》,为无人作战能力建设提供了顶层设计和规划。

除了美国研制的"角斗士"无人车外,以色列、俄罗斯、英国和德国也相继进行了陆地无人系统的研制工作,并研发出了一系列先进的产品,如表1-1所示。例如,以色列研发的"守护者"无人车可以结合搭载的传感器与融合算法,自主侦察与识别危险障碍,执行巡逻、监视与小规模的火力打击等任务;俄罗斯研制的MARS A-800无人车可以执行运输、后勤保障及跟踪监视等任务,并可以在执行任务的过程中实现自主路径规划,规避障碍,该无人车已在叙利亚战场进行部署。英国和德国对陆地无人系统的研究也开展得较早,英国于20世纪60年代就推出了手推车排爆机器人,后来又推出Harris T7触觉反馈机器人,用于执行拆弹、排爆等危险任务;德国莱茵金属公司开发的"任务大师"地面武装侦察无人车主要用于执行战术监视、危险物检测、医疗后送、通信中继以及火力支援任务。

表 1-1 各国陆地无人系统

典型平台	研发国家	搭载传感器	功能
"角斗士"无人车	美国	日/夜摄像机、GPS 定位系统、声学与激光搜索系统	情报侦察、破障、火力打击等
"守护者"无人车	以色列	夜视仪、摄像机、通信设备	情报侦察、巡逻监视、火力打击等
MARS A-800 无人车	俄罗斯	摄像机、激光雷达	后勤保障、巡逻监视等
Harris T7 机器人	英国	高清相机、触觉传感器、可调机械臂	拆弹防爆、信息搜集等
"任务大师"武装无人车	德国	光电/红外传感器、监视雷达、360°环形摄像机、激光雷达测距仪	巡逻监视、危险探测、通信中继、电子干扰等

2. 空中无人系统

空中无人系统主要以单个无人机平台和无人机集群为主。无人机由于具有视野开阔、飞行自由、设备搭载性好等优点,被广泛应用于军事领域,并在近年来的军事冲突中起到了极大的作用。空中无人系统的主要功能包括:情报搜集、侦察监视、诱饵靶机、目标跟踪、战术打击与空中救援等。

美国空军研究实验室(Air Force Research Laboratory)于 2000 年提出了无人机自主作战的概念,并对无人机的自主程度进行了量化定义,制定了发展规划。无人机自主程度量化内容与发展阶段如图 1-2 所示。

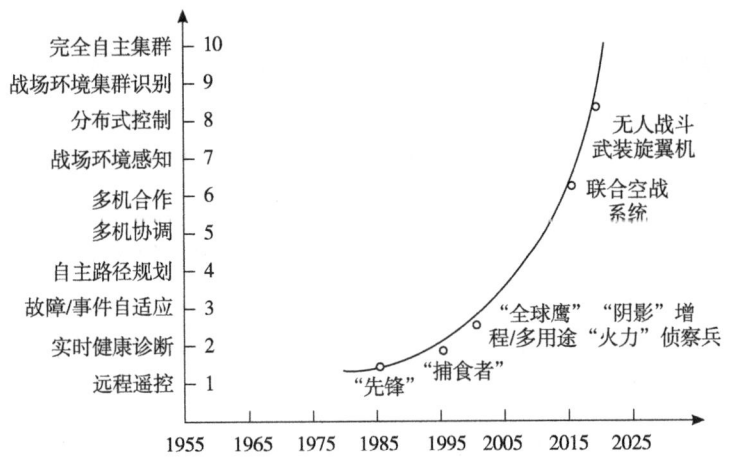

图 1-2 无人机自主程度量化内容与发展阶段

2003年,美国将空军和海军的无人作战飞机系统项目合并,启动了"联合无人作战系统"(J-UCAS)项目,开始了对无人作战飞机X-47B的研究。2006年,美国海军提出了"海军无人作战航空系统"(N-UCAS)项目,旨在为航母舰载机联队引入无人作战飞机,并继续对X-47B开展研究。在2012—2014年间,美国海军又多次完成了航母弹射、着舰、触舰复飞等高难度试验,并于2015年完成了自主空中加油试验。X-47B攻击型无人机是一款可以自主操纵、隐身性能好且适用于陆基和舰载的无人作战飞机,具备高航程和高航时的特点,装备有照射雷达、光电制导系统和孔径雷达等先进的传感器,主要功能包括情报侦察、目标追踪、电子战干扰、火力打击等。美国研制的其他空中无人系统,如"全球鹰""捕食者""猎人"和"大乌鸦"等也在军队服役。

以色列研制的"哈比"无人机配备有反雷达感应器、光电制导系统和导弹,可自主攻击敌方雷达系统。单个空中无人系统在执行任务时容易被干扰和打击,从而导致任务失败,而空中无人系统集群则可以弥补这一缺陷,从而更大程度地发挥空中无人系统的优势。美国国防先进研究计划局(DARPA)针对空中无人系统集群先后启动了"小精灵"低成本无人机项目、低成本无人机集群项目、"山鹑"(Perdix)微型无人机机载高速发射演示项目、进攻性蜂群使能战术(OFFSET)项目等,通过开发和测试用于无人系统集群的体系架构、通信系统以及分布式控制算法,推动了无人机集群自主控制系统的发展,并利用人工智能、态势感知、虚拟现实及增强现实等前沿科学技术,提升了空中无人系统集群在战场上的综合作战能力。

3. 海洋无人系统

海洋无人系统包括水面无人系统和水下无人系统两类。其中,水面无人系统主要指水面无人艇(以下简称"无人艇"),主要用于执行海上搜救、侦察监视、火力打击、巡逻安防、电子干扰、后勤保障和诱饵靶船等任务;水下无人系统主要指无人潜航器,与载人潜艇相比,其具有无人员伤亡、高隐蔽性与高自主性等优点,主要用于执行情报搜集、目标监测、战力威慑、火力打击等任务。2018年,美国海军发布了《海军部无人系统战略路线图》,2019年,又发布了《海军人工智能框架》,为海军作战与海洋无人系统的发展提供了路线规划与指南。

在水面无人系统方面,美国提出了"美国先进概念技术演示项目"(ACTD),其重要任务之一便是开展"斯巴达侦察兵"无人艇的研究。该项目已于2007年完成,并在伊拉克战区进行了试验。"斯巴达侦察兵"无人艇搭载有无人驾驶系统与视距/超视距通信系统,并搭载有光电/红外搜索转塔、高清摄像机、导航雷达、水面搜索雷达、全球定位系统接收机等先进传感器,以及舰炮、反舰导弹及反潜感应器等武器,主要用于执行情报搜集、目标监视、信息侦察、反水雷和海上安防等任务,具有一定的自主能力。美国研制的"海上猎人"无人艇搭载有声呐与光电传感器,以及近距、远程雷达探测系统与可扩展模块化声呐系统,主要用于执行识别、监测可疑目标,引导火力打击等任务。以色列研制的"保护者"无人艇主要用于执行情报侦察、可疑目标辨别、战术拦截、电子干扰和精确打击等任务。俄罗斯研制的无人水面侦察艇可以在母舰的指挥下执行快速巡逻任务并检查、监视指定区域,搜寻情报。

在水下无人系统方面,俄罗斯研制的核动力无人潜航器"波塞冬",可携带常规以及核弹头,执行侦察与战略核打击任务。美国研制的"刀鱼"无人潜航器,可以通过发出低频电磁波来扫描可疑物体,以搜寻情报;"金枪鱼-9"无人潜航器可携带多种标准载荷,用来执行近海勘探、反水雷、监视和侦察(ISR)等任务。

1.3.2 国内发展现状

近年来,我国无人系统发展迅速,相应技术不断突破,并且被越来越多地应用于军事,包括海、陆、空等领域。

在陆地无人系统方面,国防科技大学与三一重工股份有限公司联合开发了"沙漠苍狼"陆地无人轻型平台。该平台采用履带式动力系统,搭载榴弹发射器和机枪等武器系统,可以用来执行后勤运输、伤员运送、侦察监测、火力打击等任务。山河智能集团研制的"龙马"系列无人车,具有强大的运输与越障能力。南京理工大学研制的"神行-Ⅲ"军用地面智能机器人系统,具有较强的自主导航与情报侦察能力。国防科技大学与哈尔滨工业大学等单位联合研制的无人驾驶核化侦察车,具有较高的机动能力与装甲防护能力,搭载的武器系统可以执行火力打击并具备一定的自主能力。

在空中无人系统方面,成都飞机工业集团研制的"翼龙"系列无人机具有全自主水平起降能力、巡航飞行能力、空地协同能力与地面接力控制能力等,搭载有多型光电/电子侦察设备以及小型空地精确打击武器,可以执行情报侦察、目标跟踪、火力打击等任务。我国研制的"彩虹"系列无人机具有中空长航时的航行能力,可以搭载电子干扰系统与多种武器系统,能执行火力打击、情报侦察、通信干扰、电波干扰等任务;研制的攻击11型无人机具有极强的隐身能力,可以搭载精确的制导导弹,用于执行对地攻击任务。我国空中无人系统如图1-3

所示。

(a) "翼龙"系列无人机

(b) "彩虹"系列无人机

(c) 攻击11型无人机

图1-3 我国空中无人系统

在海洋无人系统的水面无人系统方面,由哈尔滨工程大学牵头研制的"天行一号"无人艇,采用油电混合动力,最高航速超过 92.6 km/h,最大航程为 1000 km,为目前世界上最快的无人艇。该艇融合了自主感知、智能控制、自主决策等技术,可以实现对周围复杂环境的快速态势信息认知与危险规避,可以用于执行气象信息监测、地貌测绘、警戒巡逻、情报侦察、火力攻击等任务。由上海大学研制的"精海"系列无人艇具有半自主与全自主的作业能力,可以执行目标侦察、海洋测绘、水质检测等任务。由上海海事大学研制的"海腾01"号智能高速无人艇,搭载有毫米波雷达、激光雷达、前视声呐等传感器,可以执行可疑目标监视、水下测量、海上搜救等任务,具备全自主与半自主航行能力。江苏自动化研究所研发的JARI智能无人作战艇,搭载有光电探测器、四面相控阵等探测设备,同时,还搭载有导弹鱼雷等武器系统,可以执行情报搜集、敌情侦察、精准火力打击等任务。由珠海云洲智能科技有限公司等单位联合研制的"瞭望者Ⅱ"无人导弹艇,搭载有全自主无人驾驶系统及导弹等武器,可以执行敌情侦察、情报搜集、精准火力打击等任务。我国海洋无人系统如图1-4所示。

(a) "精海"系列无人艇

(b) "海腾"系列无人艇

(c) JARI无人作战艇　　　　(d)"瞭望者"无人导弹艇

图 1-4　我国海洋无人系统

在海洋无人系统的水下无人系统方面,西北工业大学研制的"魔鬼鱼"无人潜航器为仿生蝠鲼无人潜水器,已完成 1025 m 的深海测试。哈尔滨工程大学研制的"悟空"号全海深无人潜航器,成功完成了 10896 m 的深潜和自主作业试验。我国研制的"潜龙一号""海马"号等深海潜水器均已成功完成深海探测任务。

1.4　无人系统的应用领域

在当代社会,无人系统的广泛应用突显了其多功能性和自主性,使其成为多个行业中不可或缺的存在。这些无人系统的典型应用涉及多个领域,为现代社会带来了卓越的效益。

在军事领域,军事战争日益进入数字化和信息化时代,无人飞行器(UAV)、无人水面舰艇(USV)、无人地面车辆(UGV)等被广泛应用于电子战、精准打击、情报搜集和作战支援等多个方面。在现代军事中,无人系统不仅仅是执行任务的利器,更是实现信息化战争的重要组成部分。无人系统在电子战、精准打击、情报搜集和作战支援等多个方面的综合作用,使其在当今军事战争中发挥着不可替代的关键作用,推动军事技术的不断创新和发展。

在工业领域,无人系统的应用不仅局限于自动化生产线和智能仓储系统,它们还在日常的生产运营中发挥着关键作用。例如,在制造业中,无人系统可用于执行复杂的装配任务,提高生产线的灵活性和效率。在物流和供应链管理方面,无人系统可以实现自动化的货物搬运和分拣,从而减少人力成本和错误率。另外,在危险环境下的工业作业中,无人系统的应用更是显得尤为重要。例如,它们可以用于检测和修复管道、处理有毒物质或执行高温作业,保障工人的安全。总的来说,无人系统在工业领域的应用已经成为提高生产效率、降低成本和改善工作环境的重要手段。

在科学研究领域,无人系统正在为研究提供前所未有的机会和工具。通过搭载先进传感器,它们能够深入危险或难以到达的区域,为科学家们提供宝贵数据,推动科学知识的深入研究和进步。在海洋科学中,无人系统在海洋探测和监测中发挥着关键作用,能够获取海底地貌、海洋生物等数据,为海洋学和生态学研究提供独特视角。在空中观测方面,无人飞行器提供高效的地球科学和天文学观测工具,为地质勘探、地形测绘等领域提供丰富数据。此外,无人系统在太空观测中也展现出潜力,能够拓展对宇宙的观测范围。

在环保领域,无人系统可以通过搭载各种传感器和设备,如红外线摄像头、气体检测仪等,对环境中的污染源进行精准识别和定位,有助于及早发现和解决环境问题。此外,无人系统的高度机动性使其能够覆盖较大范围的区域,实现对不同地理环境和生态系统的全面监测,从而为生态保护和环境管理提供更全面的数据支持。无人系统还可通过数据分析和模型预测等技术,为环境保护决策提供科学依据,帮助政府和相关机构制定更有效的环境保护政策和措施。

在智能家居领域,无人服务机器人成为家庭助手,能够执行诸如清扫、物品搬运,甚至老人护理等任务。这种机器人的智能化和自主性使得它们能够适应家庭环境的变化,并通过学习算法提高执行任务的效率。家庭成员可以通过手机或语音指令与无人服务机器人进行交互,使得家庭生活更加便捷和智能化。对于特殊需求人群,如老年人或行动不便的人群,无人服务机器人可以为他们提供更多关怀和支持,成为家庭生活的重要助手。

在地面交通方面,无人车的自动驾驶技术不仅提高了交通系统的效率,还有望减少交通事故并缓解城市交通拥堵。通过搭载先进的传感器和自动驾驶算法,无人车能够实现在复杂的城市交通环境中安全、高效地行驶。这种技术的应用还拓展到物流和货运行业,为配送和运输领域带来更为智能化的解决方案。自动驾驶的货车和无人机联动,不仅提高了货物的运输效率,还降低了运输成本,为商业物流带来新的发展前景。

将无人系统与农业领域结合已成为新兴的农业现代化技术的一部分。无人机和无人驾驶农机用于农业监测、作物种植、农药喷洒、肥料施用等,可以提高农业生产效率、减少农药和肥料使用量、降低生产成本。无人机搭载的摄像头和传感器可实时监测作物生长、土壤湿度等数据,为农民提供决策依据。同时,无人机还能检测作物病虫害,提前发现隐患,提高产量和品质。无人驾驶农机通过智能导航系统和传感器实现精准作业,提高土地利用率,减少误差。它还能与其他农业设备协同作业,实现农业生产的自动化和智能化。

在娱乐产业,利用机器人和无人飞行器,可以实现精彩的无人演出,包括舞蹈、乐器演奏等,无人飞行器可以打造华丽的灯光秀和空中表演。同时,结合虚拟现实(Virtual Reality,VR)和增强现实(Augmented Reality,AR)技术,为用户提供沉浸式的娱乐体验,例如在虚拟现实环境中进行飞行或战斗体验,或者在增强现实场景中与虚拟角色互动。在摄影和摄像方面,无人系统的机器人和无人机可以拍摄和录制各种娱乐活动,实现高空、特殊角度的拍摄,提供独特的视角和镜头效果。

无人系统的广泛应用,不仅提升了生产力和服务效率,也为社会带来了新的科技体验。随着技术的不断进步和创新,无人系统在各领域的应用前景将继续扩展,为未来的智能社会带来更多可能性。

1.5　典型无人系统及其关键技术

无人系统有多种形态和功能,面对不同任务,具有不同形态和功能的智能无人系统拥有不同的关键技术。突破这些关键技术是研制和应用这些智能无人系统的关键。以下将介绍几种典型无人系统及其关键技术。

1.5.1　无人车

无人车自动驾驶涉及认知科学、人工智能、机器人技术与车辆工程等多个交叉学科,是各种新兴技术的综合试验床与理想载体,也是当今前沿科技的重要发展方向。同时,研制具有自主知识产权的无人驾驶车辆不仅对改善道路交通、促进国民经济发展具有重要推动作用,还对满足国家安全战略需求具有重要意义。无人车已经在多个领域开始应用,例如物流运输、安防巡逻、抢险救援等。无人车发展的核心是提高其智能性,发展趋势是提高复杂环境的感知和认知水平,实现智能驾驶决策与规划,实现高速、高精度的运动控制。其关键技术主要包括以下几点。

1. 基于跨媒体协同的异构信息整合与环境感知技术

基于跨媒体协同的异构信息整合与环境感知技术,包括基于深度学习的环境感知方法;运用跨媒体的多源异构信息建立融合多种传感器信息的道路模型;攻克不同道路环境、不同交通流量条件下的环境感知技术;构建智能处理系统,实现对各种典型交通标识(标识牌、红绿灯)、车道线、动静态障碍物的检测与分类,为无人车的行为决策提供可靠的信息输入。

2. 基于驾驶地图的无人驾驶车辆高精度自主定位技术

基于驾驶地图的无人驾驶车辆高精度自主定位技术,包括研究面向无人驾驶车辆的快速驾驶地图构建方法,运用车载卫星定位系统、惯导信息、车载激光雷达、视觉等传感信息,构建复杂环境下的包含多种定位要素的驾驶场景地图。在此基础上,针对车辆行驶时实时高精度定位的需求,利用激光雷达、视觉、驾驶地图等多元传感信息,结合驾驶地图中的街景特征等地图先验知识,提高道路信息检测的准确率与定位的精确性,从而实现无人驾驶车辆的精准定位,为智能决策和路径规划提供技术支撑。

3. 复杂环境下交通态势认知与智能决策方法

复杂环境下交通态势认知与智能决策方法,包括针对感知信息的不确定性,决策系统结合各种先验知识,对无人车所处的交通态势(如车辆、行人的交互行为)进行建模与预测,更加有效地支撑安全行为决策与轨迹规划的生成;通过提取人类驾驶员的驾驶经验,构建感知不确定性下的智能行为决策模型,实现驾驶知识的自主增量学习,以提高行为决策系统在复杂未知、不确定性场景下的决策水平,从而增强无人车辆的安全性、可靠性和实用性。

4. 基于群体智能的多车交互与协同控制方法

基于群体智能的多车交互与协同控制方法,包括针对未来有人/无人、无人/无人多车交互交通环境下的无人驾驶汽车复杂交互环境,研究基于群体智能的多车交互机理与自组织协同控制方法。在基于群体智能的多车交互机理方面,通过借鉴生物界蚁群、蜂群、鱼群等群体智能交互机制,研究有人/无人、无人/无人多车交互交通环境下的多车交互机理,开发交互模型,并利用仿真、实车测试等手段,实现在多车交互条件下的无人车无碰撞行驶过程。在多车交互机理研究的基础上,进一步研究基于群体智能的多无人车自组织协同控制方法,实现有通信/无通信条件下多车(有人/无人、无人/无人)自动组队、跟车、避障等行为。

5. 无人驾驶车辆智能测试评价方法、测试装备与测试标准

无人驾驶车辆智能测试评价方法、测试装备与测试标准,包括针对系统测试,构建涵盖从虚拟仿真测试、半实物仿真测试到实车测试的无人驾驶车辆测试方法与工具,实现无人驾驶车辆智能能力的量化评价,为无人车上路提供测试与评价的工具与依据。

1.5.2 无人机

无人机一般是无人驾驶飞机的简称,又称为无人驾驶航空器,是利用无线电遥控设备和自备的程序控制装置操纵的,不需要驾驶员的飞行器。因此,无人机属于典型的智能无人系统。通常可以用于数据搜集、监视、监测与侦察等任务,并正在向具有人员/货物运输、作战攻击等有人驾驶飞机所具备的各项任务能力方向发展。根据其应用领域,无人机可以分为两大类:军用无人机与民用无人机。军用无人机主要用于监视、侦察、电子对抗、攻击和伤害评估等;民用无人机主要用于环境监测、资源勘查、农业测绘、交通管制、货物运输、天气预报、航空摄影、灾害搜救、输电线路和铁路线路巡查等。无人机的关键技术主要围绕两个方面:一是面向单个无人机系统自主能力提升的单机关键技术研究;二是面向多无人机系统或群体无人机系统自主性能力提升的多机关键技术研究。

1. 单个无人机关键技术分类

单个无人机关键技术主要包括以下几个方面。

1)无人机高机动精确飞行控制技术,包括基于在线学习的无人机非线性建模理论,基于学习机制的控制理论与方法研究,变结构、变参数、变翼型智能飞行控制技术等。

2)无人机高精度自主导航技术,主要研究如何通过多源传感器的信息融合,实现无人机在自感知条件下的精确运动估计。

3)无人机飞行轨迹优化与避障技术,包括全局路径规划与优化方法、避障模式下的动态飞行轨迹优化与生成、静态与动态障碍物并存条件下的避障理论与技术等。

4)无人机环境感知、建模与理解技术,包括环境感知数据的表达与存储,环境中目标的分割与识别,对于环境的语义分析和理解等。

2. 多无人机关键技术分类

多无人机关键技术主要包括以下几个方面。

1)多无人机系统协同控制技术,包括多无人机编队控制技术,机体间的相互作用(通信)拓扑关系描述,以及无人机集群智能自主在线航迹规划、同构/异构无人机群的分布式自主协同鲁棒编队飞行、无人机集群智能自主编队变换等。

2)多无人机系统多时空协同感知技术,包括多架同构或者异构无人机多时空协同感知技术,在海量信息中获取有效信息,实现对大范围环境态势理解的技术等。

3)多无人机系统协同规划技术,主要包括多无人机协同任务规划与飞行轨迹规划。

1.5.3 无人船

无人船是一种无人操作的水面舰艇,主要用于执行危险以及不适合有人船只执行的任务。无人船一旦配备先进的控制系统、传感器系统、通信系统和武器系统,就可以执行多种战争和非战争军事任务,比如侦察、搜索、探测和排雷,搜救、导航和水文地理勘察,反潜作战、反特种作战以及巡逻、打击海盗、反恐攻击等。在无人船研发和使用领域,美国和以色列一直处于领先地位。各国都竞相研制无人船,国内比较知名的无人船研制单位有海兰信、哈尔滨工程大学、中船重工701所、中船重工707所、中国科学院沈阳自动化所、北京方位智能系统技术有限公司等。无人船家族正在日益壮大。

无人船的关键技术主要包括以下两个方面。

1)无人船导航避障技术,主要包括依据态势感知图,综合考虑任务需求、航行安全(搁浅和气候等)、航行空时效率(时间、距离和偏差等)、航行规则(海事避碰规则)、船体操纵性(最小转弯半径等)和环境不确定性(障碍物状态不确定等)等要素,计算航行规划和导航所需关键要素,比如航行偏差、航行时间、最近会遇点(Closest Point of Approach,CPA)和危险概率图等,按照不同粒度和不同频率形成互容的位置和速度序列空间,在满足无人船航行安全的前提下,发挥无人船的效能。

2)无人船集群协同技术,包括多船协同海洋环境智能感知技术、多船实时交互认知技术、无人船集群智能协同控制决策技术以及无人船集群应用验证支撑技术等。

1.5.4 服务机器人

近年来,国内外服务机器人热门产品不断涌现。在家庭服务机器人、教育娱乐机器人、医疗康复与外科手术机器人、特种机器人等方面,许多研究机构或机器人公司都取得了重要突破。我国服务机器人技术在近二十年发展迅猛,在机械、信息、材料、控制、医学等多学科交叉方面取得了重要成果,市场前景广阔。服务机器人与人工智能、大数据、智能传感器/芯片等融合发展。服务机器人基础与前沿技术融合正在迅猛发展,涉及工程材料、机械、传感器、自动化、计算机、生命科学,并且涉及法律、伦理等各个方面,多学科相互交融促进该领域快速发展。服务机器人函需攻克的部分关键核心技术包括核心开放的操作系统与专用芯片,精确的环境感知与物联网感知,自适应环境、自学习无须编程,灵巧安全可靠操作,人工肌肉驱动与智能软体,提高机器人认知、情感交互、陪护等交互技术,高效动力电池与安全;并且高度重视服务机器人的标准化,以安全可靠、环保节能、使用便捷为准则。服务机器人前沿科技研究内容包括服务机器人智能材料与新型结构、服务机器人感知与交互控制、服务机器人认知机理与情感交互、服务机器人的人机协作与行为控制、云服务机器人与服务机器人遥控操作等。

1.5.5 无人车间/智能工厂

当前制造过程表现出高效、高质量、绿色、环保的特征,特别是随着人力资源问题日益突出和产品个性化需求日益旺盛,传统的工厂已经难以应对产品订单的脉动特征和个性化、定制化生产的要求,这些都要求对制造系统进行全局优化。无人车间/智能工厂系统作为实现未来智能制造的核心要素之一,是联结制造过程物料流、信息流、能量流的枢纽节点,通过对工厂内部参与产品制造的物料、设备、人员等全要素环节进行泛在感知,并充分利用物联网、大数据、云计算、虚拟现实和知识自动化等新思想与新技术,实现具有状态高度自感知、动态优化自主决策的高度智能化,达到高效率、高质量制造过程管控一体化。

随着智能制造在全球范围快速兴起,无人车间/智能工厂逐渐成为传统制造企业转型升级的主要突破方向。从狭义上来看,无人车间/智能工厂是移动通信网络、数据传感监测、信息交互集成、高级人工智能等智能制造相关技术、产品及系统在工厂层面的具体应用,以实现生产系统的智能化、网络化、柔性化、绿色化。从广义上来看,无人车间/智能工厂是以制造为基础,向产业链上下游同步延伸,涵盖了产品全生命周期智能化实施与实现的组织载体。无人车间/智能工厂的关键技术主要有以下几点。

1)无人车间/智能工厂的工业智能系统工程体系与方法体系;无人车间/智能工厂等级评估与智能设备互操作能力评估体系;工业机器人环境适应性与安全等级评价;制造过程无人车间/智能工厂数据标准化;制造物联网环境下的无人车间/智能工厂网络协同制造理论;复杂制造场景下多维度人机物协同与互操作理论与方法。

2)无人车间/智能工厂网络协同制造技术;无人车间/智能工厂全流程的大

数据管控与云服务;大数据驱动的智能混合建模与仿真技术;制造过程虚实融合与数字孪生技术;智能工厂生产线的重构技术与动态智能调度技术;制造装备智能互联与云数据采集技术;知识自动化驱动的无人车间/智能工厂互操作技术。

3)研发高端装备智能控制系统、智能无人工厂/车间融合设备与系统、人机智能交互操作的技术与软硬件产品;构建面向知识驱动工厂自动化互操作试验验证平台以及面向重大装备的智能控制系统及安全测试仿真平台;并在此基础上建成智能工厂/无人车间的云化管控平台、大数据智能分析与知识服务平台。

无论是无人车、无人机、无人船,还是其他自主无人系统,其所需的技术均涵盖了软件和硬件两大类。在软件方面,包括任务规划、任务分配、路径规划算法、决策算法和控制系统等。而在硬件方面,则涉及传感器、处理器、执行器、电源/电池技术以及电力系统等。本书基于无人系统的平台,主要从软件层面出发,着重介绍无人系统的任务规划、任务分配、路径规划算法和自主决策等方面。这些内容不仅关乎系统的运行效率和性能,也直接影响系统的智能程度和自主能力。通过深入了解和掌握这些关键技术,读者将能够更好地理解和设计无人系统,提高其在各种应用场景中高效运行和应对复杂环境的能力。

习题 1

1. 无人系统的定义是什么?
2. 无人系统有哪些分类?
3. 无人系统的关键技术有哪些?
4. 什么是无人集群协同?
5. 无人系统的应用领域有哪些?
6. 单个无人机关键技术主要包括哪几个方面?
7. 多无人机关键技术主要包括哪几个方面?
8. 无人车间/智能工厂关键技术主要有哪些?
9. 无人船的关键技术主要包括哪两个方面?请详细描述。
10. 无人系统传感器的数据获取中,现场总线的协议有哪些?
11. 复杂场景下无人系统的目标识别可能用到的传感器有哪些?
12. 在现代的无人系统技术背景中,无人系统是由几个部分组成的?
13. 无人系统的人机交互包含哪些方面?其使用到的技术有哪些?

第 2 章 无人系统任务规划概述

【本章目标】
1. 了解无人系统任务规划的发展脉络和重要节点。
2. 理解无人系统任务规划的内容、本质及核心理念。
3. 掌握无人系统任务规划的执行流程及涉及的技术。
4. 认识无人系统任务规划对社会的影响。

2.1 任务规划与无人系统任务规划简介

2.1.1 任务规划

任务规划(Mission Planning,MP),其本意是对任务进行规划,即对工作实施过程、方法进行组织和计划。这里的"任务"可以指任何工作,是规划的对象。"规划"一词至少包含三层含义:一是具有整体性、全局性的思考和考量;二是以准确的数据为基础,运用科学的方法进行从整体到细节的设计;三是在实际行动实施之前进行,其目的是要将规划结果作为实际行动的具体指导。

在军事领域,任务规划已逐渐变为一个专有名词,尤其是无人系统的出现,使得任务规划越来越重要,而且其含义也越来越明确。对某个具体装备而言,任务规划即指"装备作战任务规划",是指运用任务规划系统对装备完成特定作战任务而进行的运行设置和统筹管理。相应地,装备作战任务规划也具有三个特点:首先,单一装备只是体系作战的一个节点,是作战体系的组成部分之一,其任务规划须符合整体作战规划的任务要求,因此,制作规划时需要具有整体性、全局性的眼光;其次,高技术装备的作战过程是复杂的,对作战过程的规划需要定量分析和准确的数据支持,并且充分体现装备使用的战术战法,因此,任务规划需要战术与技术的有效结合;最后,装备作战规划的结果是装备作战行动的实施依据,对有人系统而言,规划结果主要作为人员决策的参考,但对无人系统而言,规划即控制,任务规划是装备运行过程中唯一且严格的执行依据,因此,任务规划的输出信息必须满足准确性、完整性和一致性的要求。

传统的任务规划往往需要投入大量的人力和时间,但随着无人系统的普及和技术的不断进步,任务规划变得更加高效和精确。无人系统可以自主执行任务,不受时间和地点的限制,大大加快了任务的执行速度。无人系统的大量使用是任务规划快速发展的重要推动力之一。因为"无人"的特点,无人系统对任务规划的依赖更加强烈。

2.1.2 无人系统任务规划的发展

无人系统任务规划的起源可以追溯到军用飞行器遂行作战任务,而军用飞行器出现在20世纪初,也就是说,无人系统任务规划的历史并不长。美军的无人系统任务规划发展最早、最全面,遥遥领先于其他国家。美军的无人系统任务规划最早可追溯到20世纪60年代。为了减轻人工作业的工作量,美军将初步发展的计算机技术应用于军事活动,以计算机自动规划来代替手工规划,但受限于当时计算机的成本和性能,无人系统任务规划未能得到广泛应用。

1970—1990年,随着计算机性能大幅提升,无人系统任务规划得到发展。这一时期以飞机的航迹规划和导弹的投放为主,典型的无人系统任务规划系统有美国空军的任务支持系统(Mission Support System,MSS)系列、海军的战术飞行器任务规划系统(Tactical Aircraft Mission Planning System,TAMPS)。这一阶段虽是任务规划发展迅猛的时期,但没有打破军兵种的壁垒,各类无人系统任务规划系统独立发展。1991年,海湾战争中,无人系统任务规划系统在飞行器和战斧巡航导弹等高技术装备中的应用,成倍地发挥了武器效能,受到世界各国的广泛关注。但海湾战争、阿富汗战争等一系列信息化局部战争实践也暴露了无人系统任务规划系统不通用、不兼容的弊端。之后,美军开始注重将各类无人系统任务规划集成到统一的框架之中,加强无人系统任务规划之间的互联、互通、互操作。例如,1993年,美军开发的便携式飞行规划软件(Portable Flight Planning Software,PFPS),可以支持空军多种类型飞机以及制导武器的任务规划;2002年,美军着手研发的联合任务规划系统(Joint Mission Planning System,JMPS),将陆、海、空等不同军兵种的飞机、导弹、无人机的任务规划集中化,形成统一的无人系统任务规划平台,适用于联合部队作战行动。

2.1.3 无人系统任务规划的内容

无人系统任务规划的主要目标是依据周围环境信息,综合考虑无人系统性能、执行时间、能耗、执行任务类型等约束条件,为无人系统规划出一条或多条从起始点到终止点的最优或满意的路径,并确定载荷的配置、使用及测控链路的工作计划,保证无人系统圆满完成任务并安全返回。

1. 任务规划的特点

任务规划本质上是一个信息化软件和各种传感、处理器硬件所构成的系统。通过对其主要功能进行分解描述,可以总结出其具备的一些基本特点,具体如下。

1)输入输出接口标准化,具备向上和向下的信息交互能力;

2)具有较强的异构数据的接收、转换、处理和存储能力,满足系统对信息的多样化需求;

3)具有简单友好的人机界面,便于在复杂、紧急情况下进行快速规划作业;

4)具有一定的辅助决策功能,能够辅助人工规划作业;

5)具有较强的数据校验能力,确保规划结果的合理性和有效性;

6)系统模块化强,易于扩展。

2. 无人系统任务规划主要功能

无人系统地面站通常配备专门的任务规划系统。无人系统任务规划除了具备以上所描述的功能特点外,其主要规划功能如图 2-1 所示。

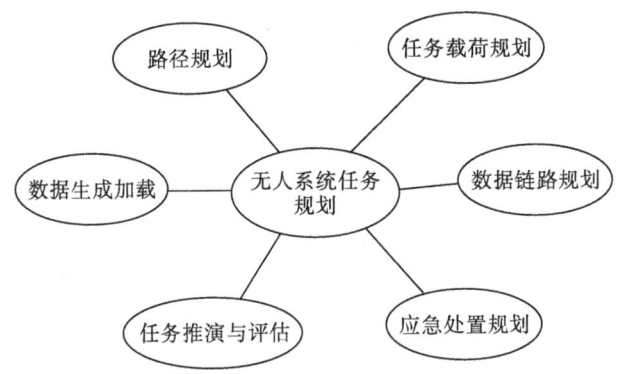

图 2-1 无人系统任务规划主要功能

1)路径规划。规划无人系统从起始点到目标点的路径,并对规划出的路径进行检验。首先,规划的路径必须满足无人系统的性能要求,即路径规划必须考虑平台机动性能的限制,确保规划路径的可实现性。其次,规划路径必须具备良好的安全性,既要考虑地形和碰撞回避,减少路径在时空域上的同步交叉,又要考虑被障碍破坏的威胁回避。路径规划的主要内容包括信息获取与处理、避障模型、规划算法等。

2)任务载荷规划。根据执行的任务和周围信息,合理配置无人系统载荷资源,确定载荷设备的工作模式。例如,在军事上,规划侦察类载荷在不同任务执行阶段的工作状态和使用方式,规划精确制导武器的攻击航路和发射时机等。

3)数据链路规划。根据相应管控要求及任务周边环境特点,制定不同任务阶段测控链路的使用策略规划,包括视距或卫通链路的选择、链路工作频段、频点、使用区域、使用时段、功率控制以及控制权交接等。

4)应急处置规划。规划不同任务阶段的突发情况处置,针对性规划应急路径、返程路径、备用场地及链路问题应急处置等内容。

5)任务推演与评估。在完成任务规划后,通过任务推演完成对无人系统任务执行效果的预估和判断,并反馈指导决策,形成最终任务执行计划。对任务规划结果进行动态推演,能对拟制完成的执行计划进行正确分析,计算达成执行目标的程度,并以形象的方式表达任务规划意图,从而作为辅助决策手段提供相应决策。

6)数据生成加载。能够将路径规划、载荷规划、链路规划、应急处置规划等内容和结果自动生成任务加载数据,并通过数据加载媒介或无线链路加载到无人系统相关的功能中。

从时间上来说,任务规划可分为预先规划和实时规划。预先规划是无人系统在任务执行前制定的,主要是综合任务要求、气象环境和已有的周围数据等因素,制定中长期任务规划。由于执行任务的环境瞬息万变且可能具有复杂性,因此难以保证获得的环境信息不发生变化,同时由于任务具有不确定性,无人系统常常需要临时改变所担负的执行任务,例如需要执行紧急救援任务,或者需要迅速逃离威胁区域等,因此需要实时任务规划。实时规划是无人系统在任务执行过程中,根据实际的任务执行情况和环境的变化制定出一条可行路径,包括对预先规划的修改,以及选择应急的方案等。

2.1.4 无人系统任务规划的特点

这种系统是一类完全无人干预情况下的自主系统,因此其任务规划有如下特点。

1) 任务规划对输出信息的准确性、完整性和一致性要求很高。无人系统从开始任务、前往任务区域、执行任务到返程等环节,虽然可实现"完全自主",但都是按照任务规划信息的指引完成的,对任务规划数据具有绝对的依赖性,因此任务规划信息的准确性、完整性和一致性对无人系统的任务效果及执行过程的安全性将产生直接影响。

2) 无人系统任务规划系统应具备快速的重规划能力。在无人系统执行任务过程中,任务周围环境复杂多变,很多情况下执行前预先规划的路径和任务模式将不得不进行修正,以确保其生存和任务成功率。因此,要求无人系统任务规划具有快速的重规划能力。这种重规划能力是体现无人系统性能的一项重要指标,重规划对无人系统感知和决策等方面的要求非常高。以无人机为例,在无人机发展的初级阶段,重规划系统可以设置在无人机地面控制站。随着无人机智能水平的不断提升,这种重规划功能将逐步植入飞机平台,并且重规划的时间将越来越短,效果将越来越好,以应对复杂多变的战场环境。

3) 无人系统任务规划应与其他有人系统任务规划的发展协调一致。执行任务的协同需求要求无人系统任务规划具有一定的通用性和一致性。以美军两个典型无人机型号为例,"捕食者"采用PFPS(便携式任务规划系统)平台,"全球鹰"采用AFMSS(空军任务支持系统)平台,因此美军无人机采用了与其现有的任务规划系统相一致的平台。无人机本身具有通用化发展的要求,美军任务规划系统向JMPS(联合任务规划系统)统型。JMPS是美军无人机任务规划系统发展的趋势,其设计目的是为各种机型的任务规划系统研发提供统一环境和界面,按照JMPS的设计理念(如图2-2所示),某型飞机的任务规划系统＝通用任务规划环境(MPE)＋专用组件(UPC);而MPE＝数据库＋保障信息＋JMPS软件架构＋通用组件(CC)。无人系统任务规划系统就是在通用任务规划环境(MPE)的基础上开发无人系统的专用组件。

图2-2 基于JMPS设计理念的无人机任务规划系统

4) 无人系统任务规划的制作人员需要具备足够的技术素养和规划理念。无人系统任务规划的实质体现了其执行过程的"两个载体"和"两个约束"。首先，任务规划是所执行任务的载体，是将具体任务和要求采用信息化的方法转换为无人系统可识别和执行的数据结构；其次，任务规划是无人系统执行方式的载体，制作任务规划的过程就是将任务制定者的执行思想、实现方法赋给无人系统的过程。同时，任务规划需要满足两个约束，一是性能约束，即规划的任务执行过程不能超出无人系统的实际硬件处理性能的限制，确保任务规划的有效性；二是环境和任务约束，制作任务规划时需要综合考虑地形、气象、电磁等环境信息，以及到达时间、进入方向等具体任务要求，确保任务执行的安全性和可靠性。前者是静态约束，后者是动态约束。要体现无人系统任务规划"两个载体""两个约束"的要求，对任务规划制作人员而言，既要熟悉无人系统的使用，又要掌握任务规划的基本知识，即对规划理念和技术两方面的素养要求都比较高。

2.1.5 无人系统任务规划的重要性

无人系统任务规划的重要性不可忽视，它在多个领域和未来发展中扮演着关键的角色，主要体现在以下四个方面。

第一，无人系统任务规划提高了工作效率和资源利用效率。通过智能化的任务规划，无人系统能够更快速、更准确地执行各类任务，减少人为干预，从而提高工作效率。在军事、医疗、工业等领域，任务规划的智能化可以使系统更好地适应不同的工作环境，更灵活地应对复杂的任务需求，从而有效提高资源的利用效率。

第二，无人系统任务规划对于降低人力风险和提高安全性具有重要作用。在执行危险任务、紧急救援等领域，无人系统能够替代人类执行危险任务，从而减少了人员面临的潜在风险。此外，任务规划的智能化还能够提高系统的自主决策和执行能力，降低人为因素引起的意外事件，提高整体的安全性。

第三，无人系统任务规划在社会发展中推动了科技创新。无人系统任务规划技术的不断进步，推动了相关领域的科技发展，催生了新的研究方向和技术应用。这种技术创新不仅在提高任务规划的智能水平上有所突破，也为其他相关技术领域的创新提供了有力支持。

第四，无人系统任务规划对于提升社会应对紧急情况的能力具有积极影响。在自然灾害、疫情暴发等紧急情况下，无人系统可以迅速投入执行任务，提高紧急救援的效率和准确性，为社会提供更强大的灾害应对能力。

总体而言，无人系统任务规划的重要性体现在其对工作效率、安全性、科技创新和社会应对紧急情况能力的积极影响上。随着无人系统任务规划技术的不断发展及其应用场景的拓展，无人系统任务规划的重要性将进一步凸显。

2.2 无人系统任务规划流程

针对无人系统任务规划的流程，会有一些特殊的考虑因素，如图 2-3 所示是一般情况下的无人系统任务规划基本流程。

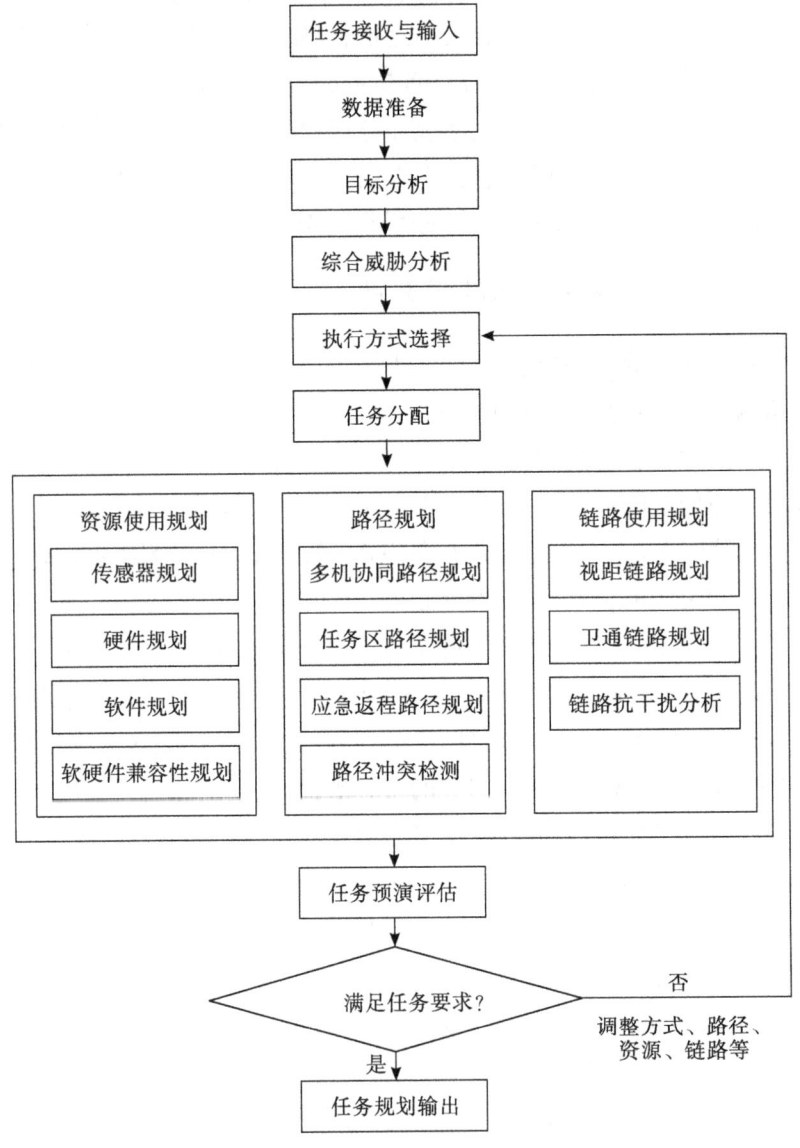

图 2-3 无人系统任务规划基本流程

首先，通过任务接收与输入组件，接收来自上级指挥控制系统发送的任务信息；然后，进行相关数据准备，分析作战目标的相关信息，并根据实时情报或存储在数据库中的威胁、气象、地理信息系统（GIS）、空中交通管制等信息，形成约束条件，并实现任务执行可视化。在此基础上，选择合适的执行方式（包括姿态、动作方式、执行时序等），得到初步的目标和角色分配。在上述条件的基础上，进行资源使用规划、路径规划和链路使用规划。资源使用规划包含传感器规划、硬件规划、软件规划、软硬件兼容规划等；路径规划包括任务区域内的多机协同路径规划、任务区路径规划、应急返程路径规划等，并对规划好的路径进行冲突检测；链路使用规划包含对视距和超视距链路的使用规划，以及链路的频谱管理等，可能的情况下还需要进行链路的威胁和抗干扰分析。至此，初步的预先任务规划完成，通过任务预演实现对任务的安全性、完成度和效能等方面的综合评估，以确认此任务规划效果的优劣，对不满足要求的部分作出调整，调整后满足要求的，按照标准文件格式直接输出任务规划结果，加载到无人系统任务规划平台。当任务、目标周围环境发生变化时，要进行实时任务重规划，包括整个任务重规划或路径、链路及资源的局部重规划。

无人系统任务规划的步骤如下。

1. 任务接收与输入

当接收和输入无人系统任务时，首要任务是对任务本身进行深入而清晰的界定。这包括明确任务的性质，即任务属于何种类型的无人系统应用，以及任务的具体范围，即任务将在何种环境、条件下执行。通过这一步骤，我们能够建立对任务的全面理解，为后续的规划、执行和评估奠定基础。

任务的性质涉及无人系统将要执行的具体功能和任务类型，包括巡航、勘察、监测、交付物品等各种任务。明确任务的性质有助于确定所需的技术和功能，以及相应的无人系统配置。

任务的范围涉及任务执行的具体空间、时间和条件，包括任务执行的地理范围、执行时间的限制、遇到的各种环境条件等。通过明确任务的范围，我们能够更好地评估任务执行的复杂性，从而制定相应的路径规划和执行策略。

在整个过程中，确保任务目标与整体项目或系统的目标相一致是至关重要的。这种一致性确保无人系统任务在整体战略框架内发挥作用，并对整个项目或系统的成功起到积极的推动作用。这需要对项目的总体目标有清晰的理解，并确保无人系统的任务能够有力地支持这些目标，促使项目朝着既定的方向前进。

2. 数据准备

在准备无人系统任务的数据时,首先需要明确任务所需的数据类型和数量。这可能涵盖传感器数据、地图信息、环境数据等多种类型。然后,通过各种途径,如数据库查询、传感器采集、卫星图像获取等方式,进行数据收集。确保数据来源可靠、准确,并覆盖任务执行的范围和条件。接着,对收集到的数据进行清洗和预处理工作。这包括去除噪声、处理缺失值、格式转换等,以确保数据的质量和一致性。接着,对需要标注或注释的数据进行人工或自动化的处理,例如对象识别、地图标记等,以使数据能够被无人系统理解和利用。最后,将不同来源、不同格式的数据进行整合和集成,构建完整的数据集,建立合适的数据存储和管理系统,确保数据的安全性和可读性。

通过这些数据准备工作,可以为无人系统任务提供充分且可靠的数据支持,为任务的规划、执行和评估提供有力的基础。

3. 目标分析

在对任务执行的目标进行深入分析时,需要综合考虑多个关键因素,以确保无人系统能够在各种复杂环境下高效执行任务。以下是对这些因素的详细说明。

1)地理信息分析:对任务执行地点的地理信息进行详细分析,包括地形、地貌、地势等。了解地理特征有助于规划无人系统的路径、优化飞行或移动轨迹,提高系统在不同地貌条件下的适应性。例如,山区、水域或城市区域需要不同的路径规划和执行策略。

2)气象条件评估:考虑气象条件对任务执行的影响,包括风速、降雨、温度等。这种分析有助于制定应对不同气象条件的策略,确保无人系统在各种天气条件下都能够可靠地执行任务。例如,在恶劣天气下需要调整速度、高度或路径规划。

3)人工和自然障碍物分析:通过激光雷达、摄像头等传感器收集数据,构建环境地图,从而识别并绘制静态障碍物,如建筑物、树木、电线等。利用雷达、摄像头等传感器检测和跟踪移动障碍物,以便在无人系统行驶过程中避免碰撞。通过激光雷达、摄像头等传感器收集数据,构建道路地图,以便无人系统能够准确地行驶在道路上。利用视觉传感器(如摄像头)检测和识别信号(如红绿灯),以便无人系统能够根据交通信号作出相应的决策。了解这些障碍物的分布有助于规划安全路径,并避免潜在的碰撞或阻碍。这需要使用传感器技术来实时感知和适应环境中的障碍物。

4) 生态环境考虑:如果任务执行涉及自然保护区或生态敏感区域,就需要对生态环境进行特别的分析。确保无人系统的活动不会对当地生态系统产生负面影响,并遵守相关法规和准则。

5) 交通流和人群分析:在城市或人口密集区域执行任务时,需要分析交通流和人群活动。这有助于规划安全的路径,避免交通拥堵,避开人群聚集区域,确保任务的高效执行,同时最小化潜在的风险。

6) 任务需求分析:根据任务的具体要求,如任务目标、任务时长、任务负载等,制定合适的任务规划。梳理任务执行过程中所需的各类资源,如人力、设备、物资等,并分析可能遇到的约束条件,如时间、经费、技术等。分析任务执行过程中可能遇到的风险,如技术故障、敌方抵抗、自然灾害等,并制定相应的应对措施,以降低任务失败的风险。根据任务目标,梳理任务所需的关键功能和性能指标,如速度、精度、可靠性等,为系统设计和优化提供依据。综合考虑任务规划中的各种因素,评估任务的实施难度和可行性,为决策者提供参考。评估任务执行过程中可能遇到的敌我双方实力对比,以及敌方的防御和攻击能力,为我方制定合理的战术和策略提供依据。这包括确定无人系统的行动顺序、行动方式和资源分配等。

7) 技术条件分析:评估项目所需的技术装备、技术人才等方面的条件,主要目的是确保项目在技术上是可行的,并找出可能存在的问题和风险,突出评估重点,采用多种方法进行全面分析,并充分考虑项目的可行性、风险和改进空间。技术条件分析有助于确定实施任务的适宜技术路线、设备选型和人才培养计划。分析的内容主要包括感知技术、定位技术和实时通信协同技术。

① 感知技术:无人驾驶系统需要对周围环境进行实时监测和感知,以便识别和理解环境中的各种要素。常用的感知技术包括激光雷达(Lidar)、摄像头(Camera)、毫米波雷达(Millimeter Wave Radar)等。这些传感器可以收集到障碍物的位置、速度、行为,以及可行驶区域和交通规则等信息。

② 定位技术:定位技术是无人驾驶系统中用于确定车辆相对于环境位置的关键技术。常用的定位技术包括全球定位系统(GPS)、惯性测量单元(IMU)、里程计(Odometry)等。这些技术可以实现车辆在地图上的精确定位,为任务规划提供准确的位置信息。

③ 实时通信与协同技术:在任务执行过程中,无人驾驶系统需要与其他车辆、基础设施以及云端服务器等进行实时通信。实时通信技术条件分析主要包括通信协议、数据传输速率、信号干扰等方面。协同方面则需要考虑多辆无人

车之间的协同作战,如编队行驶、协同避障等。

通过对于这些目标相关因素进行全面分析,无人系统能够更好地适应多变的实际执行环境,提高任务执行的安全性、可靠性和效率。分析的结果将为任务策略的制定提供有力的支持,确保无人系统能够成功完成各种任务。

4. 综合威胁分析

在任务规划中,综合威胁分析是确保任务成功执行不可或缺的组成部分。识别影响任务执行的威胁是重要步骤,它要求对系统、环境和任务本身的各个方面进行全面深入的评估,包括内部威胁(如系统故障、传感器误差等)和外部威胁(如环境障碍、恶劣天气等)。

硬件故障是威胁源之一。无人系统的传感器、执行器、通信设备等硬件组件,如果出现故障,就会直接影响系统的性能和可靠性。因此,在规划中需要制定定期维护和检测计划,以及备用硬件设备的储备,以最小化硬件故障对任务执行的影响。

同时任务分配具有合理性的风险,可能会造成任务的失败和资源的浪费。在多任务、多无人系统协同作业的场景下,合理设定任务优先级和调度策略至关重要。根据任务的紧急程度、资源分配和风险评估等因素,动态调整任务执行顺序,确保高优先级任务优先完成。此外,合理分配任务给不同的无人系统,能够避免单一系统出现过载问题,降低整体风险。

另一个潜在的威胁是通信中断。在任务执行中,由于环境变化、信号干扰或其他未知因素,通信链路可能会中断。为了应对这一风险,规划中需要引入容错机制和备用通信路径,确保在主通信链路受到影响时能够迅速切换至备用通信路径,以维持与系统的稳定通信。同时,实施实时监控系统,及时发现通信问题,为迅速采取应对措施提供支持。

环境变化也是另一个常见的威胁。无人系统会在多变的环境中执行任务,如气象条件可能会变化、自然灾害可能会发生等。在规划中需要充分考虑这些因素,制定相应的响应策略。例如,通过引入气象监测和预测系统,及时调整任务计划以适应不同的气象条件;在环境恶劣时需要提前终止任务或采取其他保护措施。通过识别潜在威胁和制定相应策略,可以降低任务执行过程中的不确定性,提高系统的应对能力,确保任务在面临挑战时能够保持灵活和稳定。

为了应对上述无人系统任务规划的威胁,人们建立了实时监控系统。这一方式旨在全面追踪无人系统的实时状态,以便在任务执行过程中及时发现潜在问题,调整策略,并保障整个系统的正常运行。

实时监控系统的设计需要对多方面数据进行收集与分析。这些数据包括无人系统的位置、传感器输出、通信状态、电池电量等。通过综合这些数据,监控系统能够提供对无人系统当前状态的全面了解,有助于及时发现异常状况。

为了实现实时监控的目标,需要设定有效的报告机制。这包括制定报告的频率、内容和接收方。例如,关键任务的执行进度、传感器输出的异常数据、通信中断的发生等重要信息应该能够在系统监控中及时传递给相关人员或系统。这有助于快速响应问题,采取必要的纠正措施,以确保任务能够按照计划执行。

及时反馈任务执行情况是实时监控的重要结果之一。通过建立反馈机制,无人系统的执行情况能够及时传递给任务执行团队。这种及时的反馈不仅有助于解决问题,还能够为任务规划提供宝贵的经验教训,使未来类似任务的执行更加顺利。

建立实时监控系统是保障无人系统应对威胁的重要手段。通过精准的监控和及时的反馈,可以最大限度地减少潜在威胁的影响,提高任务执行的稳定性和成功率。这种系统的建立不仅是对技术实力的考验,而且是对整个任务规划与执行流程的有效管理。

5. 任务分解与分配

任务分解与分配是任务规划的关键环节,它要求对整个任务进行深入的拆分和组织,以便每个子任务都能够被有效地执行。首先,整个任务被分解为一系列具体、可管理的子任务,这涉及任务的时间序列、地理位置、功能性质等多个方面的因素。这一步骤的目标是确保对任务的全面理解,使得每个子任务都能够在其独特的上下文中得以明确。

根据任务的特点和无人系统的能力,将复杂任务拆分为多个相对独立的子任务有助于降低任务难度,提高任务执行的灵活性和效率。任务分解可以按照任务的属性、环境条件、执行顺序等因素进行。一旦任务分解完成,接下来的挑战是将这些子任务有效地分配给不同的无人系统或机器。子任务分配需要考虑无人系统的实际能力、任务优先级、通信和协同等因素,因此需要综合考虑每个系统或机器的能力、特长以及当前状态。例如,某些无人系统在特定环境下表现更为出色,或者某些机器擅长执行特定类型的任务。在分配过程中,确保每个子任务都有相应的负责者,这有助于建立明确的责任体系,降低任务执行过程中的混淆和冲突,满足任务执行的时间、空间和安全性等约束条件。

在任务分解与分配过程中,需要考虑各种约束条件,如无人机自身的性能限制、外部环境因素、任务执行的时间窗口等。这些约束条件将对任务分解与分配产生重要影响。

在分配任务时,还需要考虑无人系统之间的协同工作。一些任务需要多个系统协同执行,这就需要确保这些任务之间有良好的协调和通信。建立有效的通信渠道和协同机制,使得各个系统能够实时共享信息,并在必要时相互支援。协同策略包括任务执行顺序、通信机制、协同算法等。通过协同策略,确保各个组成部分能够在复杂环境下相互配合,形成合力,完成任务。

根据任务分配和协同策略,为每个个体制定详细的任务执行计划,包括路径规划、动作控制等。任务执行计划应满足个体自身的性能限制和环境约束。在任务执行过程中,根据实际情况对任务计划进行实时调整和优化。这需要无人机具备较强的通信和计算能力,以及灵活的任务调度算法。对执行任务的过程进行监控和评估,确保任务按照计划顺利进行。在任务完成后,对任务执行情况进行总结和分析,以便于提高未来任务规划的准确性。

这个过程的成功执行需要对任务和系统有全面的了解,同时也需要对团队成员的技能和能力进行精准评估。通过合理的任务分解和分配,可以最大程度地发挥每个无人系统或机器的优势,提高整体任务的执行效率和成功率。这也有助于确保任务执行过程中的高度协同和灵活性,以适应任务中发生的变化和挑战。同时在任务执行过程中,根据实际情况对任务分解与分配进行动态调整。任务调度与优化旨在实现任务执行效率的最优化,同时满足无人系统在执行过程中的安全性、稳定性和可靠性等要求。

6. 资源使用评估与规划

在评估规划所需的技术和资源时,需要全面考虑无人系统的硬件、软件和通信设备,以确保系统在执行任务时能够达到预期的功能和性能标准。

1)对无人系统的硬件进行评估与规划:包括飞行器(如无人机)、移动机器人或其他载体的结构、传感器、电池等。确保硬件能够适应任务执行的特殊要求,例如承受不同气象条件、携带必要的传感器负荷或执行特定的操控任务。硬件评估还包括对系统的稳定性、耐久性和可靠性的考虑。确保通信设备具有足够的带宽和稳定性,以支持任务执行期间的实时数据传输和接收。对于远距离任务,需要考虑卫星通信或其他远程通信技术。与此同时,系统的能源系统也需要满足任务的能耗需求。对电池或其他能源存储设备的容量、充电时间、工作时间进行评估。优化能源系统设计,以延长系统的续航能力,特别是对于长时间或遥远任务而言。

2)对无人系统的软件进行详细分析:包括导航算法、自主决策系统、任务规划和执行控制软件等。确保软件能够满足任务的要求,具备实时响应能力、路径规划智能性和适应性。软件的安全性、稳定性和可升级性也是评估的重要方面,以确保系统的长期可维护性。

3)对所选硬件和软件之间的兼容性进行评估规划,确保它们能够无缝集成工作:包括确保传感器与控制系统之间的协同工作,硬件和软件之间的相互配合。通过系统需求分析、硬件和软件选型、接口标准定义、集成测试计划以及风险评估与管理,我们将确保充分的集成性,为系统的顺利运行提供坚实保障。

通过硬件与软件的评估与规划,可以确保无人系统在执行任务时具备足够的技术和资源支持,以应对各种挑战和环境条件。这种细致入微的评估有助于最大程度地提高系统的可靠性、安全性和任务执行的成功率。

除此之外,传感器系统的配置和数据采集方案的设计是资源使用评估与规划中的重要一环,直接关系到任务执行的准确性和效率。配置传感器以满足任务需求的关键在于确保传感器系统的全面性和高效性,以在任务执行过程中提供准确且实时的信息支持。

首先,需要仔细选择适用于任务的传感器类型,例如摄像头、激光雷达、红外传感器等,各种传感器具有不同的特点,如可视范围、精度、抗干扰能力等,需要根据实际需求进行综合考虑,这取决于任务的性质和要求。传感器的选择应该涵盖多个方面,包括环境感知、障碍物检测、气象条件监测等,以确保无人系统能够全面理解并适应其周围环境。

其次,要注意合理布局传感器,使其能够覆盖无人系统的各个方位和角度,提高数据采集的全面性和准确性。在规划数据采集方案时,最重要的是传感器的部署应该优化任务需求,确保其能够捕捉到关键信息。需要根据任务需求和环境条件,选择适合的传感器,合理布局传感器,确保传感器之间的互补性和协同作用,比如在无人系统执行巡逻任务时,摄像头的视野需要涵盖关注区域,并设置合适的采样频率以平衡数据的质量和处理效率。利用传感器校准、数据融合以及误差补偿等技术确保数据采集的实时性和准确性。

再者,要注意避免传感器之间的相互干扰,降低数据采集的误差。根据任务需求和传感器特性,制定合适的数据采集频率、范围和时长也十分重要。

最后,要考虑无人系统的续航能力和载荷能力,合理分配各传感器的数据采集任务。

关键的一点是确保传感器系统的数据采集方案能够满足任务的实时决策需求。这包括及时获取、处理和传输传感器数据,以支持系统对环境变化的即时响应。对原始数据进行实时预处理,如滤波、去噪、标定等,以提高数据的可靠性和可用性。例如,在紧急情况下,无人系统需要能够快速获取并分析传感器数据,以作出及时的决策,如避障、改变路径或执行其他任务动作。

同时建立完整的数据闭环系统,包括数据采集、数据挖掘、数据标注、模型训练等环节。这将有助于不断提高传感器配置和数据采集的优化水平,从而提高无人系统的任务执行效果。

传感器系统的配置和数据采集方案的设计是无人系统任务规划中的重要一环,直接关系到任务执行的准确性和效率。通过充分利用先进的传感器技术和数据处理方法,可以确保无人系统在各种任务场景中具备强大的感知能力,使其更具灵活性和适应性。

7. 路径规划与动作设计

设计无人系统的路径规划和执行动作是无人系统任务规划中的关键步骤,需要根据任务的具体要求进行巧妙而精确的设计。路径规划的目标在于确保无人系统能够高效、安全地导航至指定目的地,而执行动作的设计则关乎系统在执行过程中的灵活性和适应性。

在路径规划方面,需要考虑的因素众多。首先,针对任务中出现的各种地形和环境条件,制定适应性强的路径规划策略。这涉及采用先进的避障算法,以确保无人系统在遇到障碍物时能够迅速、智能地调整路径,避免碰撞。明确无人系统的任务目标,如到达指定地点、避开障碍物等。然后,考虑不同地区的地理信息,可以选择最适合无人系统运动的路径,充分利用地形特点,比如在平坦区域提高速度,在狭窄区域采取谨慎的行进策略。

最优路径选择也是设计路径规划时需要着重考虑的方面。通过使用最优化算法,无人系统能够根据特定的任务需求选择最短、最经济、最安全的路径。这种算法的应用使得无人系统能够在有限的能源和时间内完成任务,提高任务执行的效率。对搜索得到的路径进行优化,使其在满足任务要求的同时,尽量减少行驶时间、能耗等。

执行动作的设计同样至关重要。这包括在路径上的飞行或移动动作,以及涉及的传感器操作、数据采集等任务相关的动作。确保执行动作的设计能够充分考虑到任务的复杂性,例如在需要高精度控制的任务中,采用精细的执行动作以确保任务的准确性和成功完成。执行动作的设计包括以下几个。

1)动作规划:根据任务要求和环境约束,规划出无人系统需要执行的一系列动作。常用的动作规划方法有树搜索、图搜索等。

2)动作控制:对无人系统执行动作的过程进行控制,使其能够按照规划好的动作序列顺利完成任务。

3)动作优化:对无人系统规划好的动作进行优化,使其在满足任务要求的同时,尽量减少执行时间、能耗等。

路径规划和执行动作的设计需要在灵活性和智能性之间找到平衡,以适应任务的各种变化和挑战。这涉及对先进算法、地理信息系统和机器学习等技术的巧妙应用,以确保无人系统能够在复杂的任务场景中胜任其职。

8. 链路使用规划

设计无人系统之间的通信协议和网络拓扑是任务规划中至关重要的一环,直接关系到系统之间的信息交流和协同工作。通信协议的设计应当兼顾实时性、稳定性以及数据安全性。通过精心选择和配置通信协议,可以确保系统之间的数据传输高效可靠,满足任务对实时性的要求同时保障通信的稳定性。根据任务环境和实际需求,选择无线通信、有线通信或其他通信方式。例如,无人机在高空作业时,可以采用卫星通信;在地面作业时,可以采用无线局域网通信。

网络拓扑的规划同样至关重要,它涉及无人系统如何连接、如何协同工作以及如何处理数据流。合理的网络拓扑设计能够优化通信性能,降低通信延迟,并提高整个系统的鲁棒性。例如,在任务执行的环境中,会存在信号遮挡或干扰,通过巧妙设计网络拓扑,可以减轻这些干扰对通信的影响,确保通信连接的可靠性。

分析任务场景和任务要求,明确各个通信节点之间的信息交换内容和频度,从而确定通信系统的带宽、传输速率、数据格式等参数。

考虑到任务执行中发生的通信中断或延迟,通信系统需要具备一定的容错性。引入冗余机制和备用通信路径,可以在主通信链路出现问题时迅速切换至备用通信路径,从而降低通信中断的风险。此外,建立自适应的通信机制,能够根据通信环境的变化动态调整通信参数,以保持通信的稳定性和可靠性。

通信规划还需要考虑到数据的安全性,特别是在处理敏感信息或执行关键任务时。采用加密、认证、抗干扰等手段,确保无人系统通信的安全性,针对敌方的窃听、干扰和攻击等威胁,制定相应的防护策略,确保通信数据的保密性和完整性,防范潜在的安全风险。

通过综合考虑通信协议、网络拓扑和安全机制,可以确保无人系统在任务执行过程中具备强大的通信能力,能够高效地协同工作,适应不同的通信环境,并在面临挑战时保持稳定的连接。根据任务需求和通信负载,合理分配通信资源,如频段、功率等,提高通信系统的整体性能。这为任务的成功执行提供了关键的技术支持。

9. 任务预演评估

在将无人系统投入实际任务执行之前,进行系统模拟和测试是确保任务顺利进行不可或缺的步骤。它涉及路径规划、目标识别与追踪、资源分配等方面。通过仿真软件对无人系统的行动进行模拟,评估其可行性、效率和安全性。仿真软件可以模拟现实世界中的环境、敌我双方的行为以及各种不确定因素,为任务规划提供有力支持。系统模拟和测试阶段旨在模拟真实任务场景,以验证系统的各个方面,包括硬件、软件、通信和协同工作等多个层面。

系统模拟提供了一个控制环境,使任务执行前的系统行为可以在虚拟环境中得以测试。通过模拟不同的环境条件、飞行路径、传感器输入等因素,可以在实际执行任务之前发现潜在问题。例如,模拟气象条件,检验系统在恶劣天气下的性能;模拟不同的任务场景,验证系统对多变环境的适应性。这有助于系统开发团队及早识别和解决问题,提高系统的可靠性和稳定性。

测试阶段同样重要,它涵盖了对硬件、软件和整个系统的综合性测试,具体包括传感器的准确性测试、通信系统的稳定性测试、执行动作的准确性测试等。通过系统性的测试等,可以评估系统的抗干扰能力和稳定性,验证系统的整体性能,发现潜在的故障点和瓶颈,并进行相应的调整和改进。

任务预演评估的主要流程如下。

1)确定测试目标:在任务规划中,需要明确测试的目标是什么,例如测试系统的性能、功能、安全性等。

2)选择合适的测试环境:测试环境应该尽可能地模拟实际环境,包括物理环境、气象条件、通信网络等。

3)设计测试用例:需要设计一组全面的测试用例,覆盖系统的各种使用场景和操作。

4)进行模拟测试:使用模拟器或实际硬件进行测试,并记录测试结果。

5)分析测试结果:对测试结果进行分析,找出系统的优点和不足,并确定是否需要进行调整或改进。

6)进行实际测试:在实际环境中进行测试,确保系统能够在真实环境下正常运行。

7)记录测试过程:记录测试过程和结果,以便在未来的开发和改进中使用。

8)持续改进:根据测试结果和反馈,不断改进系统,以提高其性能和可靠性。

系统模拟和测试的一个重要优势在于,它允许系统在实际执行任务之前经历各种复杂的情境,从而为任务执行提供更可靠的基础。这也为系统的不断优化和升级提供了实质性的数据和经验,有助于确保系统在实际任务中能够如期执行,达到高质量的任务成果。

10. 后续维护与优化

完成任务后,进行全面的任务执行总结和性能评估是任务生命周期中的重要环节。这个阶段旨在深入了解任务执行的整体表现,从中汲取宝贵的经验教训,为未来类似任务提供有益的参考和改进方向。

实时收集各种传感器数据,如激光雷达、相机、毫米波雷达等,对数据进行处理和分析,为任务规划提供准确的环境信息和车辆状态,为任务执行总结提供数据支撑。

任务执行总结是对整个任务过程进行回顾和总结。这包括对任务目标的实现情况、系统的性能表现、遇到的挑战以及团队合作等方面进行全面考察。通过深入的总结,可以识别任务执行中的成功因素和问题点,为系统和流程的不断优化提供清晰的方向。

性能评估是对系统各个方面表现的定量和定性评价,涉及系统的可靠性、效率、精度等多个指标的量化评估。通过性能评估,可以客观地了解系统在任务执行中的优劣表现,识别需要改进的方面,并为后续的技术升级和任务规划提供依据。

根据任务执行总结和性能评估的结果,进行系统的优化是一个关键步骤。它包括对硬件和软件的改进、对算法的优化、对通信机制的升级等方面的调整。根据实际行驶过程中的反馈信息,对任务规划算法进行调整和优化,提高规划的准确性和实时性。根据实时采集的数据,更新无人系统中的环境模型、动力学模型等,提高任务规划的适应性。结合实际行驶过程中的挑战和问题,调整使命规划、行为规划和动作规划的策略,以提高无人系统性能。通过及时进行系统优化,可以不断提高系统的适应性和执行效能,使其在未来的任务中更加可靠和高效。

除了系统本身的优化外,还需要考虑后续的维护工作。这包括对系统进行定期检查和维护,确保硬件能够正常运行、软件能够及时更新、通信和协同机制保持稳定性。维护工作的目标是延长系统的寿命,提高系统的可维护性,确保系统能够持续地胜任各类任务。

对系统运行状况进行实时监控,收集关键性能指标数据,以便评估系统的稳定性和性能。通过对监控数据进行分析,及时发现系统存在的问题和隐患。针对发现的问题,进行问题定位和诊断,找出问题产生的根本原因。这需要对系统的硬件、软件、网络等多个方面进行深入分析,以便为后续优化提供依据。根据问题诊断结果,制定具有针对性的优化方案。这些方案可能包括硬件升级、软件优化、网络调整等方面。在制定优化方案时,应充分考虑系统的整体性能、可扩展性、成本等因素。实施优化方案时,要确保不影响系统的正常运行。在实施优化方案后,对系统进行测试和验证,评估优化效果。通过对比优化前后的性能指标,确保优化方案的有效性。定期对系统进行评估和分析,查找潜在问题,并根据实际情况持续改进和优化。这需要关注新技术、新方法的发展动态,及时引入适用于系统的优化手段。在系统维护与优化的过程中,积累经验,总结教训,形成知识库。这有助于提高后续维护与优化的效率,避免重复性工作。

通过这一完整的任务生命周期管理流程,从任务规划到执行,再到总结,不断循环迭代,可以逐步提升无人系统的整体性能和适应性,确保其在各类任务中都能够发挥最大效益。

2.3 无人系统任务规划的角色

无人系统任务规划在现代科技和工程领域中扮演着关键的角色,其重要性体现在提高效率、应对复杂环境、推动创新等多个方面。

1. 无人系统任务规划的作用

无人系统任务规划的作用体现在许多方面,具体如下。

1)在提高任务执行效率方面,任务规划的角色不仅在于提供系统自主决策的能力,更在于通过智能化手段最大化地提高任务执行的效率。随着技术的不断进步,任务规划将继续发挥关键作用,推动无人系统在各个领域更为广泛和深入的应用。任务规划作为无人系统的核心功能,通过运用先进的智能算法和决策系统,为系统提供更为高级和灵活的任务执行能力,其重要性体现在多个方面。从自主路径选择到执行策略的智能调整,它都为提高任务执行的效率和质量有积极贡献。

首先,任务规划的智能算法赋予了无人系统自主选择路径的能力。系统能够通过对环境的感知和实时数据的分析,智能地规划最优路径,以适应各种复杂的地理和环境条件。这种自主路径选择的能力使得系统能够更加高效地导航,避免障碍物,确保任务能够按计划进行。其次,任务规划通过决策系统的实时调整,使得系统能够在执行任务的过程中灵活变化策略。面对环境变化、紧急情况或任务优先级的调整,系统能够智能地作出反应,调整执行策略,以最大化地满足任务需求。这种灵活性使得无人系统能够更好地适应不断变化的工作环境,确保任务的高效完成。此外,任务规划通过最大程度地提高任务执行的效率,使得无人系统在各类任务中都能够发挥更卓越的性能。通过智能算法的精准计算和决策系统的智能调整,系统能够在最短时间内完成任务,同时保证任务执行的安全性和可靠性。

在不断变化和复杂的环境中,任务规划的重要性体现在其能够使无人系统具备灵活调整行为的能力,以更好地适应各种复杂情境。这涵盖了多个方面的智能决策,包括但不限于路径规划、避障策略、资源调度等,这些方面的智能决策共同构成了系统在复杂条件下高效运行的基础。

2)在适应复杂环境方面,任务规划在无人系统中的角色不仅在于提供智能决策的灵活性,更在于通过智能路径规划、避障策略和资源调度等方面的优化,使得系统能够在复杂条件下高效运行。这种灵活性和高效性是无人系统在应对不同任务和环境挑战时的重要保障,为其在各个领域中的广泛应用提供坚实基础。

路径规划作为任务规划的核心组成部分,使得无人系统能够根据实时环境信息智能选择最优路径。在面对不同地理和环境条件时,系统能够根据任务需求和环境变化即时作出调整,确保系统能够以最短的时间和最经济的路径完成任务。避障策略的智能决策使得系统能够在复杂的环境中规避各种障碍物,确保行进的安全和顺利。通过对传感器数据的实时监测和分析,系统能够迅速作出避障决策,防止碰撞和危险情况的发生,提高系统的自我保护能力和任务执行的可靠性。资源调度方面的智能决策也是任务规划的关键组成部分。在执行任务的过程中,系统需要灵活调配资源,如能源、时间等,以适应不同任务的需求,优化执行效率。任务规划通过对资源状态的实时监测和合理分配,使得系统能够更好地应对多变的任务环境,保证任务的平稳执行。

3)在实现多任务协同方面,任务规划通过协同工作使得多个无人系统能够更好地在各领域中发挥作用。这种协同性不仅提高了任务执行的效率,也为无人系统在复杂和多变的环境中展现出更大的适应性,为多领域的实际应用提供更为强大的支持。任务规划的关键作用之一在于允许多个无人系统之间实现协同工作,从而实现多任务的分工协作。这种协同性为无人系统的广泛应用提供了更为灵活和高效的解决方案，在搜索救援、军事行动和科学研究等领域展现出显著优势。在搜索救援领域，多个无人系统能够根据任务规划的协同工作原则，迅速响应并分工协作，以提高搜索效率和救援成功率。通过智能的任务规划，这些系统可以同时搜索不同区域，配合完成各自的搜索任务，有效缩短响应时间，提高搜救的全局覆盖率。这对于灾害现场的救援行动具有重要意义，可以最大程度地减少搜救时间，挽救更多的生命。

在军事行动上，多无人系统的协同工作能够形成更为复杂和多层次的战术部署。通过智能任务规划，这些系统可以根据敌我态势动态调整自身位置和执行任务，实现更为灵活和智能的军事行动。例如，在电子战中，不同无人系统可以分工配合，对抗敌方通信和雷达系统，形成信息制空的优势。这种高效的协同性能够为军事行动提供关键的支持，提高作战效果和生存能力。在科学研究方面，多个无人系统的协同工作有助于更全面地获取数据和信息。通过任务规划的智能协同，这些系统可以携带不同类型的传感器，深入到危险或难以到达的地区，获取丰富的科学数据。这种协同性为科学家们提供了更全面的研究工具，推动了科学知识的进步。

4）在提高自主性方面，任务规划发挥了关键作用，使得无人系统能够更加自主地进行决策和执行任务，从而显著减少对人工干预的依赖。这不仅提高了系统的自主性，还赋予了系统更大的灵活性，使其能够更加适应各种复杂的应用场景。

通过智能算法和决策系统的运用，任务规划使得无人系统能够在实时环境变化中作出智能决策，根据任务的特定要求灵活调整执行策略。这种自主决策的能力不仅使系统能够更好地适应未知和动态变化的环境，还可以减轻人类操作员的负担，使系统能够更加独立地执行任务。在复杂的任务执行过程中，系统通过任务规划可以自主选择路径、规避障碍物、优化资源利用，从而最大程度地提高任务执行的效率。这样的自主性在应对紧急情况、处理未知环境和执行复杂任务时尤为重要。例如，在紧急医疗物资的快速运送中，无人系统可以通过任务规划在复杂的城市环境中选择最短路径，自主规避交通拥堵，快速响应并完成任务。这种自主性不仅提高了任务的执行速度，还增强了系统在面对复杂情境时的适应性。

此外，通过任务规划提高的自主性还有助于系统更好地处理未知风险和环境不确定性。系统能够根据任务要求，自主调整执行策略，迅速适应新的情境，减少了人工干预的延迟，提高了系统的实时响应能力。任务规划通过提高无人系统的自主性，使其更具灵活性和适应性，从而更好地满足各种复杂应用场景的需求。这种自主性的增强不仅提高了系统的执行效率,也为其在未知和动态环境中的可靠性提供了坚实的基础。

5)在优化资源利用方面,任务规划在系统运作中的另一个重要方面是优化资源利用,涉及时间、能源、传感器等多方面的因素。通过智能调度和有效的资源分配,系统能够在执行任务时实现更加经济高效的运作。在时间管理方面,任务规划能够确保系统在执行任务时充分利用时间,合理安排任务的执行顺序和时间表。通过分析任务的紧急性和重要性,系统能够智能调度执行顺序,确保高优先级任务得到及时响应,从而最大程度地提高任务执行的效率。这种时间管理的优化不仅提高了任务完成的速度,还增强了系统对时间敏感任务的应对能力。

任务规划通过智能算法和决策系统,可以实现对系统能源的有效管理。系统能够根据任务执行的具体情况,智能调整能源的分配和利用策略,确保在执行任务的过程中能够最大限度地延长系统的续航时间。这对于需要长时间执行任务或在远程区域执行任务的无人系统尤为重要,可以有效延长系统在复杂环境中的持续工作能力。

任务规划还涉及传感器的智能利用。系统可以根据任务需求,智能选择和配置传感器,以满足任务执行过程中对信息获取的需要。通过合理搭配各类传感器,系统能够获取更全面、准确的环境信息,提高对任务场景的感知和理解能力,从而更加高效地执行任务。

通过任务规划对资源进行智能调度和合理分配,系统在执行任务时能够达到更高的经济效益。这种资源的优化利用不仅有助于提高任务执行的效率,还有助于系统在复杂和具有挑战性的环境中更为可靠地完成各类任务。

2. 无人系统任务规划的重要性

除以上之外,无人系统任务规划的重要性还体现在以下几点。

1)提高工作效率:通过智能规划,无人系统在执行任务时更为高效。这对于大规模、复杂任务的执行具有重要意义,提高了工作效率。

2)拓展应用领域:任务规划的发展使得无人系统能够涉足更广泛的应用领域,包括军事、民用、科研、工业、农业等,为社会提供更多元化的解决方案。

3)增强系统适应性:任务规划使得无人系统更具适应性,能够在复杂、动态的环境中灵活应对。这可以为系统的可靠性和鲁棒性提供重要支持。

4)降低人工干预:通过任务规划,增强无人系统的自主性,降低对人工操作和干预的需求。这不仅提高了系统的独立执行能力,还减少了操作成本。

综合而言,无人系统任务规划在提高效率、适应环境、推动技术创新等方面发挥着至关重要的作用,为无人系统的广泛应用和发展奠定了坚实的基础。

2.4 无人系统任务规划相关技术

为支撑无人系统任务规划系统的实现,无人系统任务规划技术已经发展为技术系列齐全、标准体系完备、内涵外延丰富的多层次技术群。以运筹学、控制理论、优化算法、人工智能等数学和计算机科学相关理论为代表的一系列理论,为无人系统任务规划提供了有力的理论支撑。

围绕规划方案的生成,无人系统任务规划可分为任务分配技术、资源规划调度技术、部署方案规划技术、路径规划技术、方案推演评估技术等,如图 2-4 所示。

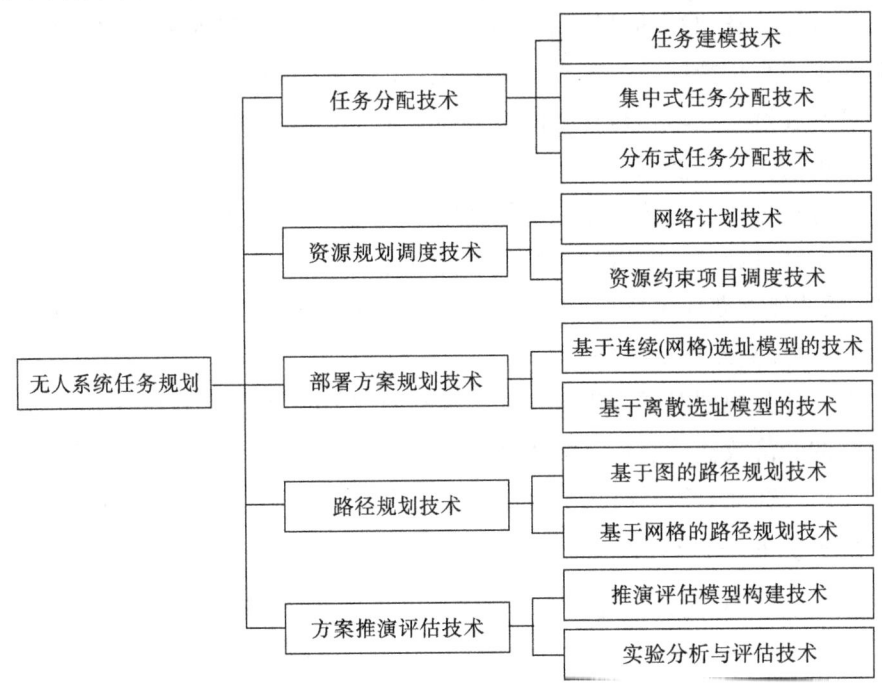

图 2-4 无人系统任务规划技术分类

其中,任务分配技术支持将多个相互关联的作战任务分配到不同的作战平台,确保任务能够顺利完成;资源规划调度技术支持资源的合理分配和使用,优化任务流程,避免任务在时序上的冲突,提高任务完成效率;部署方案规划技术支持基于任务需求,将作战资源部署到最佳位置;路径规划技术支持基于任务需求、战场态势,规划出部队或平台的最优行动路径;方案推演评估技术支持对无人系统任务规划生成的具体方案进行仿真推演,评估方案优劣,为指挥员提供参考和建议。

2.4.1 任务分配技术

任务分配技术根据不同的场景要素、约束条件和任务使命,将众多不同的执行任务分配给各个执行单元,以达到整体执行任务完成效果的最优化,主要包括任务建模技术、集中式任务分配技术、分布式任务分配技术。

1)任务建模技术的主要目标是将复杂目标任务进行定量化和符号化描述,并根据最终输出、当前输入和任务环境等因素,将其细分成可由各执行单元完成的具体、明确且相互关联的子任务。

2)集中式任务分配技术由中心节点负责,根据全局信息计算最优的分配方案。其优势是能够在具备全局信息的情况下生成最优方案,然而其不足之处是在强干扰条件下,全局信息的获取可能不够及时和准确,从而难以实现全局最优。集中式任务分配技术的两种类型分别基于指派模型和马尔可夫决策过程。前者以经典的指派问题为模型,将 n 个任务指派给 m 个单位,以完成任务收益的最大化为目标,主要关注最优任务分配、资源配置和成本最小化,通常用于解决确定性问题。然而,在处理不确定因素时,基于指派模型的任务分配技术可能局限性较大。基于马尔可夫决策过程的任务分配技术则考虑目标环境的不确定性,通过将任务和资源状态建模为随机过程,使用马尔可夫链来表示不确定性,动态调整和优化任务分配策略。这种方法不仅可以处理不确定因素,还能保持较高的任务分配和执行效率。然而,马尔可夫决策过程涉及大量状态和动作的搜索,对于任务量大且决策复杂的情况,可能导致计算复杂度高、不切实际。此外,基于马尔可夫决策过程的方法需要对环境和不确定性进行准确建模,在实际应用中往往难以获取精确的概率转换模型,这可能会影响决策效果。因此,应根据具体情况选择合适的任务分配方法。对于具有较低不确定性和较高实时性要求的任务,基于指派模型的任务分配技术可能更合适;而对于具有较高不确定性的环境,基于马尔可夫决策过程的任务分配技术可能更具优势。在某些情况下,还可以结合使用两种方法,以充分利用它们的优点,更好地解决实际任务分配问题。

3)分布式任务分配技术不依赖于中心节点,通过多个参与任务的节点之间的交互与协商完成任务分配。各节点根据自身掌握的局部信息独立地进行任务选择,并根据协作规则进行调整。分布式任务分配技术具有稳健性强、适应强干扰环境的优势,但难以保证分配方案的全局最优性,其类型一般分为基于拍卖、基于合同网和基于分布式约束三种。基于拍卖的任务分配技术充分利用市场竞争机制来实现任务分配,但在对实时性要求较高、竞价时间受限的情况下可能无法获得最优解。因此,基于拍卖的任务分配技术适用于可充分利用市场竞争的情况。基于合同网的任务分配技术强调协同,能够适应一定程度的复杂情况,具有一定的灵活性。然而,在面对大量任务和智能体时,其协商过程可能变得相对复杂且耗时较长。基于分布式约束的任务分配技术能够很好地处理任务之间的依赖关系和优先级,但计算复杂度较高。

2.4.2 资源规划调度技术

资源调度在任务分配完成后,根据任务的执行时序关系、优先级和资源需求,对所分配的任务进行任务开始时间和所需资源的调度安排,以避免任务时序冲突并提高任务完成效率。资源规划调度技术主要包括网络计划技术和资源约束项目调度(Resource-Constrained Project Scheduling,RCPS)技术等。网络计划技术是用于项目计划与控制的一项技术。它是20世纪50年代末发展起来的,依据其起源有关键路径法(Critical Path Method,CPM)与计划评审法(Program Evaluation and Review Technique,PERT)之分。网络计划技术适用于资源非常充分的情况,在不考虑资源约束时对任务完成时间进行优化。

RCPS技术是调度问题中研究最深入且应用最广泛的技术,是在受限资源和活动时序关系的约束下,最优安排每个任务的开始时间,使得任务总工期最短。在任务执行领域,任务间的约束更多,条件更复杂,为RCPS技术的应用带来了更大的挑战。

2.4.3 部署方案规划技术

部署方案规划技术主要是对软件和硬件、传感器载荷资源在任务执行环境中的部署进行优化,以便于完成目标任务和实现执行目的。根据不同的应用场景,部署方案规划技术可分为两大类:基于连续(网格)选址模型的技术和基于离散选址模型的技术。当任务执行单元受到地形等因素的限制时,部署选址往往只能在部分离散的候选位置上进行,因此通常采用基于离散选址模型的技术。而基于连续(网格)选址模型的技术则适用于资源可以在给定范围的任意位置进行部署的情况。该类问题具有两个特点:一是解的空间是连续的;二是距离是可测量的。例如,海上无人侦察设备(浮标、无人船、无人潜航器等)的部署问题,可以在给定海域内任意位置部署给定数量的单元,以实现侦察区域的最大化。根据应用场景的特点，可选择基于离散选址或基于连续（网格）选址模型的部署规划技术进行资源部署规划。在连续选址问题中，通常需要通过离散化的方式来求解，借助运筹优化、启发式搜索或机器学习等算法来实现。

2.4.4 路径规划技术

路径规划技术旨在优化设计各执行单元的行动路线，以确保它们能够顺利完成分配到的任务。根据不同的任务场景和周围环境，路径规划技术可以分为基于图的路径规划技术和基于网格的路径规划技术两大类。

基于图的路径规划技术主要适用于地面上执行单元（例如无人车等）的路径规划问题。它依赖于地面路网，将路网抽象为由顶点和边组成的图结构。通过运筹学图论方法、启发式搜索算法、机器学习算法等，求解最优路径。在这种方法中，决策变量主要是作战单元在每个节点或位置选择下一步要行走的弧或道路。

基于网格的路径规划技术不依赖于固定的道路网络，具有更大的灵活性和自主性，主要用于空中和海上作战单元的航迹规划，求解方法包括 A^* 算法、蚁群算法、强化学习算法等。在这种技术中，主要决策变量是执行单元当前所处的网格。

基于图的路径规划技术适用于地面执行单元，依赖于地面路网；基于网格的路径规划技术适用于空中和海上执行单元（如无人机、无人船等），在自由二维或三维空间中进行航迹规划。两者分别采用不同的求解算法，但都以寻找最优路径为目标，并通过选择合适的决策变量来进行路径规划。

2.4.5 方案推演评估技术

方案推演评估技术采用蒙特卡罗仿真方法，对规划方案进行评估，以验证方案的可行性、评估任务的完成效果和效率。通过推演评估，可以全面考虑问题场景的动态性和不确定性，以科学、可靠的方式评估各方案的可行性和效果。推演评估在实施过程中通常分为模型构建、实验运行、实验分析与评估三个阶段。首先，需要根据任务需求设计仿真模型，明确评估对象、评估目标和评估指标，明确实验设计方案，并对想定中涉及的各要素进行整体性认知，构建模型体系。其次，根据实验设计，利用蒙特卡罗仿真方法运行想定，并获取相应的输出结果。最后，根据输入数据和输出数据，分析和评估任务执行效能以及影响实验结果的关键要素，形成评估结论，用于进一步迭代方案。

2.5 无人系统任务规划的社会影响

无人系统任务规划在社会层面具有广泛而深远的影响,涉及经济、安全、科技创新和就业等多个关键领域。首先,在经济层面,无人系统任务规划的广泛应用促进了生产力的提高。通过自主执行各类任务,无人系统在农业、物流、制造等领域的应用降低了成本,提高了效率,从而推动了这些行业的发展。其次,在安全领域,无人系统的应用也发挥了关键作用,例如在紧急救援、灾害响应中提供实时信息,减少人员伤亡风险,保障公共安全。此外,无人系统任务规划推动了科技创新,促使人工智能、机器学习等领域不断进步,为整个科技领域带来新的挑战和机遇。最后,在就业方面,虽然自动化系统的广泛应用可能导致某些传统领域的工作岗位减少,但同时也创造了新的就业机会,特别是涉及无人系统开发、维护和管理的领域。综合而言,无人系统任务规划在社会层面的影响呈现出多维度、多层次的态势,对各个领域都产生了积极的推动作用。

1. 经济效益

无人系统任务规划的广泛应用在经济领域产生了深远的积极影响。首先,无人系统通过提升任务执行的效率和准确性,无人系统为企业带来了显著的经济效益。在农业领域,自动化的任务规划可以有效提高农业生产的精准度,从而增加农产品的产量和质量。这不仅使农业生产者获得更大的利润,同时也确保了粮食和食品供应的稳定性。

在物流和运输领域,无人系统任务规划的应用使得物流过程更加高效、节省成本。自动驾驶车辆、智能航空物流等技术的引入,不仅提高了交通运输的效率,还降低了运输成本,推动了物流行业的现代化和发展。

此外,制造业也受益匪浅。通过无人系统任务规划,生产流程可以更好地进行优化,实现自动化生产线的灵活调度和资源分配。这种高效的制造流程不仅提高了产品的生产速度,还降低了生产过程中的浪费,有助于提高企业整体的竞争力。

在企业层面,无人系统任务规划的实施减少了人为错误,降低了劳动力成本,同时提高了生产的稳定性和可靠性,使企业更好地适应市场需求的变化,从而更具竞争力。这种经济效益的累积对整个产业链和市场的发展都具有积极的推动作用。

2. 安全与救援

无人系统任务规划在应急救援和灾害响应方面发挥着关键作用,为应对灾难性事件提供了有效且迅速的解决方案。在灾难发生时,无人系统能够立即响应,执行任务规划,为救援行动提供多方面的支持。

通过任务规划,无人系统可以实时搜集、分析并传输有关灾害影响区域的关键信息。例如,无人机配备了高分辨率摄像头和各种传感器,能够飞越受灾区域,捕捉现场图像、监测灾情,为救援人员提供详尽的地理和环境数据。这种实时信息反馈使得救援人员能够更准确地了解灾情,迅速作出应对决策。此外,无人系统的任务规划在物资投送方面也发挥着关键作用。例如,自主规划的飞行器或地面车辆可以快速而安全地将救援物资送达灾区,不受复杂地形或交通状况的限制。这有助于提供急需的医疗用品、食物、水源等物资,为受灾群众提供紧急援助。

无人系统还能够协助执行搜索和救援任务。在受灾区域,可能存在被埋或失踪的人员,无人系统通过配备的传感器和搜索算法,能够快速而全面地扫描受灾区域,为搜救人员提供精准的定位信息,从而缩短搜救时间,提高救援效率。

无人系统任务规划在灾害响应中通过高效、迅速的信息获取和物资投送,以及协助搜救等多方面的功能,可以为救援工作提供强大的支持,降低人员伤亡的风险,对于提高灾害应对能力具有重要意义。

3. 科技创新

在这个跨学科的研究合作网络中,计算机科学为任务规划领域注入了强大的计算能力和算法优化。人工智能的进步使得系统能够更深入地理解环境和任务需求,而机器学习的不断发展则使任务规划算法能够从大量数据中学到更为复杂和智能的决策模式。

新兴技术的引入也为任务规划提供了新的可能性。量子计算的潜在优势在处理复杂任务规划问题上展现出前所未有的计算能力,这为系统在动态和高度复杂的环境中作出实时决策提供了更好的支持。边缘计算的应用使得任务规划可以更接近执行现场,减少通信延迟,提高响应速度,使系统能够更好地适应实时变化的情况。

这种技术的演进不仅仅是硬件和软件水平的提升,更是对无人系统任务规划智能性的巨大推动,为系统提供了更多元、更全面的信息,使得任务规划能够更准确地理解和适应复杂多变的任务环境。这样的协同创新不仅使得任务规划技术更加先进，也为未来无人系统的广泛应用奠定了坚实的技术基础。此外，任务规划的科技创新在推动社会数字化转型方面也发挥着关键作用。数字化技术的广泛应用使得大规模系统的任务规划能够更加精准地响应各类需求，促进经济效益的最大化。这种科技创新不仅提高了生产力，还为企业和组织提供了更灵活、更可持续的运营模式，从而推动了整个社会向更加数字智能化的方向迈进。

任务规划领域的科技创新既改变了无人系统内在的工作方式，也深刻影响着社会的运行模式。这种影响涵盖了技术、经济、社会等多个维度，为未来社会的可持续发展带来崭新的机遇和挑战。

4. 就业和技能需求

尽管无人系统的任务规划在提高效率的同时可能减少对一些传统劳动力的需求，但它同时也创造了新的就业机会，为社会带来了更广阔的发展前景。这涉及需要具备高度专业知识和技能的人才，他们承担着开发、维护和监控无人系统的责任，并致力于解决与这一技术领域相关的各种技术问题。

在这个新兴领域中，对专业技术人才的需求逐渐增长，这不仅包括对工程师和科学家的需求，还包括对具备创新思维和解决实际问题能力的专业人才的需求。因此，无人系统任务规划的发展不仅推动了对高技能劳动力的需求，同时也促使社会对技能培训和教育的关注和投入。为了适应这一新兴领域的需求，培养具备先进技术知识和实践经验的专业人才已经成为社会教育体系中的一个重要方向。

这一发展趋势既为个体提供了更具挑战性和前景的职业机遇，也为整个社会指明了更加创新和科技驱动的发展方向。通过促进技术领域的人才培养，无人系统任务规划不仅改变了传统的就业格局，更为现代社会开辟了新的领域，强调了对高水平技能劳动力持续增长的需求。

5. 国家安全和国际关系

无人系统任务规划在军事领域的广泛应用对国家安全具有深远的战略影响。随着技术的不断进步，无人系统在国防和军事战略中的作用逐渐凸显，成为当今军事力量不可或缺的组成部分。这种技术的应用不仅提升了国家的军事实力，也为国家安全战略的制定和执行提供了全新的手段和视角。

在军事领域，无人系统的任务规划不仅体现在作战行动中的智能规划和决策，还包括对敌方动态的实时监测、情报收集和目标定位等方面。通过高效的任务规划，无人系统能够在复杂多变的战场环境中迅速作出决策，执行任务，有效应对各类威胁。这种高度智能化的军事运用使得国家在面对安全挑战时更为灵活、有力。然而,随着各国在无人系统技术上的迅猛发展,国际社会也面临新的挑战。无人系统技术的应用可能导致国家之间的竞争加剧,进而影响国际关系和战略平衡。不同国家无人系统技术的先进程度将影响它们在地缘政治中的地位和议程,从而对国际政治产生深远的影响。

因此,无人系统任务规划在军事领域的广泛应用不仅关乎国家的自身安全,也在全球层面上影响着国际关系的格局。在这一背景下,国际社会需要密切关注无人系统技术的发展趋势,以建立相应的法规和国际合作机制,维护全球安全与稳定。

总体而言,无人系统任务规划的社会影响深刻而广泛,覆盖了多个关键领域,社会需要不断适应并确保这一技术的应用最大程度地造福整个社会。在经济方面,无人系统任务规划的智能化和高效性提高了生产效率,降低了企业运营成本,为企业创造了更多的机遇和竞争优势。同时,这种技术的应用也在科技领域引发了积极的变革,推动相关领域的技术发展,催生了新的研究方向和创新应用,推动了整个科技社会的前进步伐。在应急救援方面,无人系统任务规划为灾难响应提供了强有力的支持,通过快速响应、实时信息提供和协助救援行动,有效减少了人员伤亡风险。这种技术的应用不仅提升了救援效率,也拓展了救援范围,使得在灾害面前更加及时、精准地展开救援工作成为可能。社会在推动无人系统技术发展的同时,需要持续关注其社会影响,制定合适的法规和准则,以确保技术的合理、安全和可持续应用,从而实现技术创新与社会福祉的良性互动。

习题 2

1. 任务规划的定义是什么?有哪些分类?
2. 在实际军事应用中,无人系统主要有哪些种类?
3. 任务规划中的约束条件是什么?规划推理技术是什么?基本流程是什么?
4. 在任务规划中,传感器的主要作用有哪些?
5. 常见的任务规划技术有哪些?
6. 无人系统任务规划的重要性体现在哪几个方面?
7. 无人系统的任务规划和路径规划有什么区别?
8. 简述无人系统任务规划中传感器的作用。

第3章　无人系统任务分配

【本章目标】
1. 了解无人系统任务分配的基本概念。
2. 理解无人系统任务分配的传统模型。
3. 掌握常用的无人系统任务分配算法。

3.1　无人系统任务分配概念

无人系统中的任务分配是指通过智能化的无人系统架构法,将任务合理地分配给无人系统,即将系统中的任务或工作合理地分配给不同的执行者或执行单元,并规划路径、协同合作,以实现任务的高质量完成,实现系统整体的效益最大化。在无人系统中,任务分配通常涉及将各种任务或任务集合分配给无人机、无人车、无人船等各种自主运行的无人载体,以完成特定的任务或实现系统的特定目标,在军事、民用、商业等领域都有着广泛的应用。

无人系统的任务分配是一项复杂而关键的任务,涉及多个环节和算法,其目标是通过合理分配任务资源,提高系统的效率、性能和资源利用率,同时考虑时间、空间、资源等约束条件和限制。任务分配首先从任务规划开始,在任务规划阶段,需要根据任务的性质和需求,确定待执行的任务列表。每个任务可能具有不同的优先级、时限和约束条件。例如,某个任务可能需要在指定的时间内完成,另外一个任务可能需要在特定的位置上执行。为了实现有效的任务规划,需要将任务分解成若干个子任务,同时考虑任务的复杂度和可行性。

资源分配是任务分配的关键环节之一。资源分配需要根据任务的需求和无人系统的特性,将任务分配给合适的无人系统。资源分配需要考虑无人系统的位置、能力、航行速度、工作时间等因素。例如,一些无人系统可能具有更高的速度和灵活性,可以用于执行紧急任务,而其他无人系统则可能更适合执行长时间的任务。根据任务种类的不同以及无人系统的特性,可以采用启发式算法、贪心算法等方法来实现资源的合理分配。

路径规划是任务分配的另一个重要环节。在任务执行过程中，每个无人系统需要规划最优路径，确保能够按时到达指定目的地并完成任务。路径规划需要考虑地形、障碍物、通信条件等因素，以确保安全和高效。路径规划可以采用基于图论的算法，例如 A^* 算法、Dijkstra 算法等，这些算法可以根据地图和环境信息，计算出无人系统的最优路径，并帮助其避开障碍物和危险区域。

在多个无人系统同时执行任务时，需要进行协同合作，以避免冲突和提高效率。协同合作可以通过通信和协调机制来实现，这使得无人系统能够相互协作、共享信息和资源。例如，在执行某一任务的同时，需要将任务状态实时反馈给其他无人系统，以便其他无人系统能够对任务进行调整和重新规划。为了实现协同合作，可以采用分布式算法、博弈论等方法，实现无人系统之间的信息交流和资源共享。

动态调度是无人系统任务分配中的一个关键环节。在任务执行过程中，可能会出现各种变化，如新任务的到达、无人系统故障、环境条件变化等。动态调度的目标是根据实时情况对任务和资源进行重新分配和调整，以最大限度地满足任务需求和提高资源利用效率。动态调度可以采用基于模型预测的算法，如深度强化学习算法、遗传算法等。这些算法可以根据历史数据和实时信息来预测未来的变化，并作出相应的调整和决策。

为了实现任务分配的智能化，可以采用人工智能和优化算法等技术手段。通过对任务和资源的建模，以及对路径规划和协同算法的设计，可以使无人系统自主地进行任务分配，并根据实时信息作出决策和调整。例如，可以使用机器学习算法对任务和无人系统进行建模和预测，以便更准确地进行任务分配和路径规划。同时，可以采用优化算法对任务和资源进行优化调度，以提高任务执行效率、减少资源浪费，并应对复杂多变的任务环境。

无人系统中的任务分配是一个复杂而关键的问题。通过合理的任务规划、资源分配、路径规划、协同合作和动态调度，可以使无人系统高效地完成各种任务。同时，人工智能和优化算法等技术手段的应用也将为任务分配带来更大的改进和发展。这将推动无人系统在各个领域的广泛应用，并为人们的生活和工作带来更多的便利和效益。

以无人机为例，对于无人机的任务分配是指在无人机执行任务过程中，根据任务需求、无人机性能和实时环境等因素，合理地为无人机分配合适的任务，并调整任务执行的顺序和时间，以实现任务目标的高效执行。

无人机任务分配的作用主要有以下几点。

1)提高任务执行效率:通过对无人机任务进行合理分配和调度,可以确保各个无人机在执行任务时能够充分发挥其性能优势,提高整体任务执行效率。

2)优化资源配置:任务分配有助于合理分配无人机所需的各类资源,如能源、通信带宽等,从而降低整体运营成本,提高资源利用率。

3)增强任务协同性:通过对无人机任务进行协同调度,可以实现无人机之间的有效配合,提高任务执行的成功率和效果。

4)提高应对突发情况的能力:任务分配需要考虑无人机之间的互补性和灵活性,以便在面临突发情况时,能够快速调整任务计划,确保任务的顺利完成。

5)保障任务安全性:通过对无人机任务进行合理分配与调度,可以降低无人机在执行任务过程中的风险,确保任务的安全进行。

6)提高作战效能:在战时,无人机任务分配能够确保各个无人机在战场上发挥最大作用,提高整体的作战效能。

任务分配是无人机任务规划和作战使用过程中需考虑的重点问题之一。任务分配的作用在于建立无人机与作战任务之间的某种关联和映射关系,从而使整体作战效能在既定指标函数下达到最优化水平。这种关联关系包括多任务条件下的任务时序关系、无人机与目标之间的任务映射关系、多无人机与多目标之间的兵力调配关系等,不同的作战使用要求会提出相应的任务分配需求。任务分配是无人机集群实现高效遂行作战任务的关键技术。随着无人机集群技术的发展和作战样式的转变,无人机集群的作战任务领域不断拓展,任务分配所涵盖的范围不断扩大,任务分配问题的规模和复杂性不断增加,这都对无人机集群任务分配技术提出了新的挑战。目前,无人机集群任务分配技术在顶层设计、理论研究、项目论证、关键技术攻关等方面都取得了一定的进展。

任务分配在无人系统中扮演着至关重要的角色,直接影响系统的运行效率、响应速度和适应能力。任务分配涉及将任务合理地分配给系统中的各个无人载体,以实现系统整体性能的最优化,对于提高系统的效率、灵活性和适应性至关重要。首先,任务分配可以最大程度地利用无人系统的资源,提高系统的效率和生产力。通过合理地分配任务,可以充分利用系统中各个无人载体的性能和能力,将任务分配给最适合执行的载体,从而最大程度地提高系统的工作效率和生产能力。其次,任务分配可以提高系统的灵活性和适应性。无人系统通常需要应对各种复杂多变的环境和任务需求,在这种情况下,合理的任务分配可以使系统更加灵活地应对各种情况,及时调整任务分配策略,适应不同的工作环境和任务需求,提高系统的适应性和应变能力。此外,任务分配还可以提高系统的安全性和可靠性。通过合理地分配任务,可以避免系统中的资源过度集中或过度分散,降低系统出现故障或失效的风险,提高系统的安全性和可靠性,保障系统的正常运行和任务完成。

总之,任务分配在无人系统中是至关重要的,它不仅可以提高系统的效率和生产力,以及系统的灵活性和适应性,还可以提高系统的安全性和可靠性,是保障无人系统正常运行和任务顺利完成的关键环节。因此,研究和优化任务分配策略对于提升无人系统的整体性能具有重要意义。

3.2 无人系统任务分配模型

在进行任务分配时,建模是至关重要的一步。通过建模,我们可以更好地理解任务之间的关联性、资源的可用性以及约束条件,从而设计出更加合理和高效的任务分配方案。任务分配涉及资源的优化利用、风险的管理、决策的支持等多个方面,而建模则能够为这些方面提供清晰的框架和量化指标,帮助更好地把握问题的本质,并作出明智的决策。因此,在解决任务分配问题时,建模是必要的工具,更是实现任务分配的关键一环。

任务分配模型分为传统的单一任务分配模型和多任务分配模型。单一任务分配模型,如多旅行商问题(Multiple Travelling Salesman Problem,MTSP)、车辆路径问题(Vehicle Routing Problem,VRP);多任务分配模型,如网络流模型(Network Flow Optimization,NFO)、混合整数线性规划模型(Mixed-Integer Linear Programming,MILP)、协同多任务分配模型(Cooperative Multiple Task Assignment Problem,CMTAP)等。

3.2.1 单一任务分配模型

在单一任务分配模型中,一个无人系统单元被指派执行单一任务或一组相关任务。这种模型适用于任务相对简单且无须协同完成的情况,例如,一辆无人车执行特定的送货任务,根据收件地址和交付时间安排路径规划和任务执行,或者一架无人飞行器被指派执行航拍任务,飞行器根据预先定义的航线飞行并拍摄指定区域的照片。

1. 多旅行商问题模型

多旅行商问题(MTSP)是运筹学图论中的一类重要问题,具体如下。

给定一组节点,让 m 个销售人员位于单个仓库节点。要访问的其余节点(城市)称为中间节点。MTSP 的目标是为所有 m 个销售人员查找行程,使得每个销售人员都在站点开始和结束,每个中间节点只访问一次,并且访问所有节点的总成本最小。成本指标可以根据距离、时间等来定义。问题的可能变化如下。

单站与多站:在单站的情况下,如果存在多个站点,且每个站点都有多个销售人员,则所有销售人员在一个点开始和结束其行程,销售人员可以在完成行程后返回其原始仓库,也可以返回任何仓库,但限制条件是,在所有行程结束后,每个仓库的销售人员初始数量保持不变。前者称为固定目的地案例,而后者称为非固定目的地案例。

销售人员数量:问题中的销售人员数量可能是有界变量,也可能是先验固定的。

固定费用:当问题中的销售人员数量不固定时,每当在解决方案中使用该销售人员时,每个销售人员通常都会产生相应的固定成本。在这种情况下,解决方案中要激活的销售人员数量的最小化也可能值得关注。

时间窗口:在此变体中,需要在特定的时间段访问某些节点,这被称为时间窗口。这是 MTSP 的一个重要扩展,被称为带时间窗的多旅行商问题(MTSPTW)。MTSPTW 广泛应用于校车、船舶和航空公司的调度问题。

其他特殊限制:这些限制可能与每个销售人员访问的节点数量、销售人员旅行的最大或最小距离,抑或其他特殊限制有关。

MTSP 使用的图论方法可以描述为:网络图 $G=(V,A)$ 中,V 为 n 座城市所构成的节点集合,A 为这些城市节点间的连通路径构成的路径集合,且每两个城市节点间的路径距离(或时间、费用等)是已知的,现有 $m(m>1)$ 位旅行商可探访这 n 座城市,通常其优化目标为所有旅行商探访全部城市的总走行距离(或时间、费用等)最短。

根据旅行商起始位置和最终到达位置的情况,m 个旅行商从同一个地点出发访问 n 座城市,每个旅行商经过一定数量的城市后,再返回同一地点,MTSP 的目标是找到一组路径,使得每个旅行商的路径总长度最小。

设 d_{ij} 表示第 i 个目标点到第 j 个目标点的距离,$i,j=1,2,\cdots,n$。另外,设 c_{ij} 表示第 i 个旅行商经过第 j 个目标点时产生的费用,$i=1,2,\cdots,m,j=1,2,\cdots,n$。

MTSP 的数学模型可以表示为如下形式。

目标:最小化所有旅行商的总费用,即

$$\min \sum_{i=1}^{m} \sum_{j=1}^{n} c_{ij} \tag{3-1}$$

约束条件:

1)每个目标点只能被访问一次,即

$$\sum_{i=1}^{m} x_{ij} = 1, \forall j = 1, 2, \cdots, n \tag{3-2}$$

其中,x_{ij} 是一个二进制变量,表示第 i 个旅行商是否经过第 j 个目标点,如果经过则为 1,否则为 0。

2)每个旅行商的路径必须形成一个闭合回路,即回到原点

$$\sum_{j=1}^{n} x_{ij} = 2, \forall i = 1, 2, \cdots, m \tag{3-3}$$

3)路径长度不能超过目标点之间的距离总和,即

$$\sum_{i=1}^{m} \sum_{j=1}^{n} d_{ij} x_{ij} \leqslant L \tag{3-4}$$

其中,L 是路径长度的上限。

MTSP 的目标是找到一组路径,使得所有旅行商的总路径长度最小,并且每个旅行商的路径都满足约束条件,即形成闭合回路且路径长度不超过限制。求解 MTSP 的目标是优化所有旅行商的路径规划,使得整体的效率和成本得到最优的平衡。

2. 车辆路径问题模型

车辆路径问题(VRP)由 Dantzig 和 Ramser 于 1959 年提出,其目标是寻求最优的路径集合,在所有客户均被服务的前提下,使得车辆的运输费用最小化。因其广泛的应用背景,如银行现金配送、邮件配送、校车调度、安全巡逻服务等,VRP 被众多科研机构和学者关注和研究,并提出了一系列用于求解 VRP 的算法,如精确算法、分支定界、动态规划等。

VRP 在实际应用中面临众多约束,如车辆负载、最大行程等,这里对车容量受限的车辆路径问题(Capacitated Vehicle Routing Problem,CVRP)进行分析和求解,并且考虑车辆的最大行程。CVRP 可描述为存在 n 个客户需要被服务,停车中心停放了 K 辆容量为 Q 的服务车辆。现要求 K 辆车为客户提供服务,在确保所有客户均被服务的前提下,使车辆的总运输费用 tc 达到最小值,并满足约束:(1)每个客户均被服务一次,且只能被一辆车服务;(2)车辆从停车场出发,最后回到停车场;(3)每辆车上的客户总负载量应满足容量约束 Q;(4)

每辆车的行程不能超过最大距离 D。

VRP 模型的数学描述如下。

给定无向连通图 $G=(V,E)$，其中 V 是顶点集，由 $n+1$ 个元素（V_0，V_1，V_2，…，V_n）组成，元素 V_0 代表停车场，V_i（$1<i<n$）代表第 i 位客户，对应的服务需求量为 q_i，其坐标为(x_i,y_i)；E 为边集，每条边代表一个通路，边 $e_{ij}=(v_i,v_j)$ 的长度为 dis_{ij}，亦代表车辆通过此边的运输费用，可通过下述公式计算，即：

$$dis_{ij} = \sqrt{(x_i-x_j)^2+(y_i-y_j)^2} \tag{3-5}$$

停车场 V_0 存有容量为 Q 的 K 辆服务车，每辆车的最大行程距离为 D。同时为了问题描述方便，定义如下二值变量为：

$$x_{ki} \begin{cases} 1, \text{客户 } i \text{ 被车辆 } k \text{ 服务} \\ 0, \text{否则} \end{cases} \tag{3-6}$$

$$y_{ijk} \begin{cases} 1, \text{车辆 } k \text{ 经过客户 } i \text{ 然后到达客户 } j \\ 0, \text{否则} \end{cases} \tag{3-7}$$

CVRP 的目标为：

$$\min tc = \left\{ \sum_i \sum_j \sum_k dis_{ij} y_{ijk} \right\} \tag{3-8}$$

同时，需要满足以下约束条件，即：

$$\sum_{i=1}^n x_{ki} q_i \leqslant Q, \forall k \in \{1,2,\cdots,K\} \tag{3-9}$$

$$\sum_{i=1}^n \sum_{j=1}^n y_{ijk} dis_{ij} \leqslant D, \forall k \in \{1,2,\cdots,K\} \tag{3-10}$$

$$\sum_{k=1}^K \sum_{i=1}^n x_{ki} = 1, \forall k \in \{1,2,\cdots,K\} \tag{3-11}$$

$$\sum_{k=1}^K \sum_{i=1}^n y_{i0k} = \sum_{k=1}^K \sum_{j=1}^n y_{0jk} \tag{3-12}$$

其中，约束(3-9)确保每辆车的负载不超过容量限制 Q，约束(3-10)要求车的最大行驶长度不超过 D，约束(3-11)则使得每个客户被服务且仅被服务一次，式(3-12)则保证车辆由停车场出发，最后回到该停车场。

3.2.2 多任务分配模型

多任务分配模型涉及多个无人系统单元，每个单元可能被分配执行不同的任务，或者共同完成一个复杂任务的不同部分。在多任务分配模型中，通常需要考虑任务之间的依赖关系和协同工作，以确保任务能够有效地完成。例如，一个无人车队执行仓库货物搬运任务,根据货物类型和目的地,每辆无人车被分配执行不同的搬运任务,或者一个无人机群执行搜索和救援任务,其中每架无人机负责搜索特定的区域,并将收集到的信息传输给中央指挥中心进行分析和决策。

1. 网络流模型

很多重要的优化问题都可以通过图或网络来表示分析;而网络流模型中的最短路径问题、最大流问题和运输问题都是最小成本网络流问题最小成本网络流问题(Minimum-Cost Network Flow Problems,MCNFPs)的特例。

一个图(或者网络)是由两个标志定义的,分别是一系列的点和弧(Arcs)。一条弧由一对有序的顶点组成,表示顶点之间可能发生的运动方向。在 $\text{arc}(j,k)$ 上,j 被称为起始点,k 被称为终点。一组弧的序列,其中每一段弧都有一个顶点与前一段弧共有,这种序列被称为链(Chains)。路径(Path)是一条链,其中每条弧的终点与下一条弧的起始点相同。

如果每一条弧都有一个与之对应的长度,那么找到从某个节点到其他节点的长度最短的路径则被称为最短路径问题。

2. 混合整数线性规划模型

混合整数线性规划模型(MILP)是一种数学优化问题的建模方法,其中既包含连续变量,也包含整数变量。MILP 模型通常用于解决需要在给定约束条件下优化某个线性目标函数的问题,同时需要考虑到某些变量必须取整数值的情况。

MILP 模型的一般形式为:

$$\max/\min \boldsymbol{c}^{\mathrm{T}}\boldsymbol{x}$$

其中,$\boldsymbol{x}$ 是一个包含连续变量和整数变量的向量,表示决策变量。$\boldsymbol{c}$ 是一个包含相应决策变量权重的向量,表示目标函数的系数。

约束条件:

$$\boldsymbol{A}\boldsymbol{x} \leqslant \boldsymbol{b}, x_i \geqslant 0, x_i \in \boldsymbol{Z} \tag{3-13}$$

其中,$\boldsymbol{A}$ 是一个矩阵,表示约束条件的系数。$\boldsymbol{b}$ 是一个向量,表示约束条件的右侧值。$x_i \geqslant 0$ 表示决策变量 $\boldsymbol{x}$ 必须是非负的。$x_i \in \boldsymbol{Z}$ 表示特定的决策变量 x_i 必须取整数值。

3. 协同多任务分配模型

以多无人机协同为例,可以对协同多任务分配模型作出以下描述:假设有

N_U 架无人机,对应的集合为 $U=\{U_1,U_2,\cdots,U_{N_U}\}$,有 N_T 个空中移动目标,对应的集合为 $T=\{T_1,T_2,\cdots,T_{N_T}\}$,每个目标需要完成探测、分类和评估三种任务,对应的集合为 $M=\{Search,Classify,Evaluate\}$;$N_M$ 为任务数量,此时 $N_M=3$。在二维平面内,无人机的位置为 (x_i,y_i),目标的位置为 (x_j,y_j),则二者的相对距离为

$$D_{ij}=\sqrt{(x_i-x_j)^2+(y_i-y_j)^2} \tag{3-14}$$

假设无人机在执行任务的过程中匀速飞行,先对目标探测,再执行分类任务;分类结束后,再执行评估任务。用 A_{ij}^k 表示任务分配决策变量,当无人机 i 成功分配给目标 j 执行任务 K 时,$A_{ij}^k=1$;否则,$A_{ij}^k=0$。

3.3 无人系统任务分配算法

无人系统中的任务分配算法是指将一系列任务分配给一组无人机或机器人,以实现最优化的任务执行。在无人系统中,任务分配算法对于无人系统而言非常重要,它可以帮助我们实现无人机或机器人的智能化、自动化和高效化,提高任务执行的质量和效率,减少人力和物力资源的浪费。

任务分配算法的目的是找到最优的任务分配方案,使所有任务可以在最短时间内完成。任务分配算法需要考虑多种因素,包括任务的性质、目标、时效性、物理约束、资源限制等。同时,无人系统中的任务分配算法还需要满足以下四个目标。

(1) 高效性。任务分配算法需要在最短时间内完成任务分配,以提高任务执行的效率和效益。在无人系统中,我们可以通过对任务和无人机或机器人的属性、距离等因素进行评估,来选择最优的任务分配方案。

(2) 可靠性。任务分配算法需要保证任务的完成度和准确度,从而确保任务的实现效果。在无人系统中,我们可以通过设置任务优先级、定义任务间的约束关系等方式来增强任务分配算法的可靠性。

(3) 自适应性。任务分配算法需要具备一定的自适应能力,以适应不同场景和环境下的任务需求。在无人系统中,我们可以通过实时监测任务执行情况、动态调整任务分配策略等方式来增强任务分配算法的自适应性。

(4) 可扩展性。任务分配算法需要具备一定的可扩展性,以支持不同规模和复杂度的任务执行。在无人系统中,我们可以通过优化算法设计、提高硬件设施配置等方式来增强任务分配算法的可扩展性。

为了实现上述目标，在实际应用中，我们需要选择合适的任务分配算法，并对算法进行优化和调参。任务分配算法可以基于各种不同的原则和策略来进行，包括贪心算法、遗传算法、模拟退火算法、匈牙利算法、禁忌搜索算法等等。下面我们将简要介绍其中几种常见的算法。

3.3.1 贪心算法

贪心算法是一种基于局部最优解的算法，其基本思路是在每一个阶段选择当前看起来最优的决策。该算法从问题的某一个初始解出发一步一步地进行，根据某个优化测度，每一步都要确保能获得局部最优解。贪心算法每一步只考虑一个数据，并选取满足局部最优的选项。当下一个数据和部分最优解结合之后不再是可行解时，该数据就不会被添加到部分解中，该过程一直到把所有数据枚举完，或者不能再添加新的数据为止，最终期望能够得到全局最优解。

贪心算法在无人系统任务分配中被广泛应用，特别是在处理某些类型的问题时，其简单而高效的特性显得尤为突出。例如，对于资源有限的任务分配，当系统中的资源（如无人机、传感器等）有限，而任务数量较多时，贪心算法可以根据某种优先级规则，逐一将任务分配给可用的资源。比如，按照任务紧急程度、距离等指标选择最优的资源执行任务，以最大程度地满足任务需求。对于简单任务优先的分配，如果任务之间的优先级差异较大，一些简单任务可能需要优先处理，而复杂任务可以稍后处理。在这种情况下，贪心算法可以简单地选择最容易完成的任务进行分配，以尽快完成任务并释放资源。对于任务持续增加的情况，当任务不断产生并需要立即分配时，贪心算法可以快速地选择当前最优的任务分配方案，以应对任务数量的动态变化。例如，在无人巡检系统中，突发事件可能需要立即响应，贪心算法可以根据当前情况动态分配巡检任务。对于近似解的求解，在某些情况下，任务分配问题可能是 NP 难题[①]，无法在合理时间内求得最优解。这时，贪心算法可以提供一个近似解，虽然不能保证找到最优解，但能够在短时间内找到一个可行且相对优良的解决方案。贪心算法还可以根据资源的使用效率，优先选择那些能够最大程度利用系统资源的任务进行分配，以提高资源利用率和系统整体效率。

---

① NP 难题是指可以在多项式时间内验证问题的一个可能解，但要找到问题的解通常需要指数时间的一类计算问题。其中，NP 的英文全称为 Non-deterministic Polynomial，中文意为"非确定性多项式"。

1. 贪心算法的步骤

贪心算法一般按如下步骤进行:1)建立数学模型来描述问题;2)将求解的问题分解成若干个子问题;3)对每个子问题求解,得到子问题的局部最优解;4)将子问题的局部最优解合成为原问题的一个解。

贪心算法是一种对某些求最优解问题进行的简单且迅速的设计方法。其特点是按步骤逐步求解,通常基于当前情况并根据某个优化测度作出最优选择,而不考虑各种可能的整体情况,省去了为寻找最优解而穷尽所有可能所必须耗费的大量时间。贪心算法采用自顶向下的策略,以迭代的方法作出连续的贪心选择,每作出一次贪心选择,就将所求问题简化为一个规模更小的子问题,通过每一步的贪心选择,可得到问题的一个最优解。虽然每一步都要保证能获得局部最优解,但由此产生的全局解有时不一定是最优的,所以贪心算法通常不涉及回溯。

2. 贪心算法的使用条件

贪心算法适用于求解满足如下两个性质的问题。

1)贪心选择性质:一个问题的整体最优解可通过一系列局部最优解的选择达到,并且每次的选择都可以依赖以前作出的选择,但不依赖于后面要作出的选择。这就是贪心选择性质。对于一个具体问题,要确定它是否具有贪心选择性质,必须证明每一步所作出的贪心选择最终可以导向问题的整体最优解。

2)最优子结构性质:当一个问题的最优解包含其子问题的最优解时,称此问题具有最优子结构性质。最优子结构性质是一个问题能否用贪心法求解的关键。在实际应用中,什么问题具有什么样的贪心选择性质是不确定的,需要具体问题具体分析。

要确定一个问题是否适合用贪心算法求解,必须证明每一步所作出的贪心选择最终可以导向问题的整体最优解。证明的大致过程为:首先考察问题的一个整体最优解,并证明可修改这个最优解,使其以贪心选择开始,作出贪心选择后,原问题简化为规模更小的类似子问题。然后用数学归纳法证明可通过每一步作出的贪心选择,得到问题的整体最优解。

贪心算法的优点是简单、快速、容易实现;缺点是容易陷入局部最优解。因为贪心算法总是从局部出发,并没有从整体考虑,因此不能保证一定得到全局最优解。

【例 3-1】 有 n 个需要在同一天使用同一个教室的活动 $a_1, a_2, \cdots, a_n$,教室同一时刻只能由一个活动使用。每个活动 a_i 都有一个开始时间 s_i 和结束时间 f_i，一旦被选择后，活动 a_i 就占据时间区间 $[s_i, f_i]$。如果 $[s_i, f_i]$ 和 $[s_j, f_j]$ 互不重叠，a_i 和 a_j 两个活动就可以被安排在同一天，该问题就是要安排这些活动使得尽量多的活动能不冲突地举行。例如，图 3-1 所示的活动集合 S，其中各项活动按照结束时间单调递增排序。

思路：贪心算法的目标是安排尽可能多的活动，那么我们优先找那些结束时间早的活动，为后面的活动留出更多时间，如图 3-1 所示为活动集合示意图。

i	1	2	3	4	5	6	7	8	9	10	11
$s[i]$	1	3	0	5	3	5	6	8	8	2	12
$f[i]$	4	5	6	7	8	9	10	11	12	13	14

图 3-1 活动集合示意图

算法实现：这里我们稍打乱了顺序，在代码中采用了插入排序的方法对数据进行简单整理，使得结束时间从小到大排列。以下是算法的伪代码。

```
Procedure greedy2()
    st = [1, 5, 0, 5, 3, 3, 6, 8, 8, 2, 12]
    et = [4, 9, 6, 7, 8, 5, 10, 12, 11, 13, 14]
    num = getNumber2(st, et)
    Output "活动数量:" + num
Function getNumber2(a[], b[])   //优先选择结束时间早的
    num = 0
    tempa = 0
    tempb = 0
    endTime = 0
    j = 0
    For i = 1 to length(b) - 1   //如果顺序混乱，则调整为结束时间从小到大的顺序，
                                 //直接插入排序
        tempb = b[i]
        tempa = a[i]
        For j = i - 1 down to 0 and tempb < b[j]
            b[j + 1] = b[j]
            a[j + 1] = a[j]
            If j == 0
```

```
        j = j − 1
        Break
    b[j + 1] = tempb
    a[j + 1] = tempa
Output Array a
Output Array b
num = num + 1
endTime = b[0]
For k = 1 to length(b) − 1
    If a[k] > endTime
        num = num + 1
        endTime = b[k]
Return num
```

3.3.2 遗传算法

遗传算法是一种基于生物界进化原理的优化算法,其核心思想是通过模拟生物进化的过程,逐步搜索解空间中的最优解。在任务分配问题中,遗传算法通过模拟种群进化的过程,将无人机或机器人的分配方案视为种群中的个体,通过交叉、变异等操作来生成新的个体,并通过适应度函数来评估每个个体的适应能力。遗传算法是类比自然界的达尔文进化论实现的简化版本。

达尔文进化论的原理可以概括如下。

变异:种群中个体的特征(性状,属性)可能会有所不同,这导致个体之间存在一定程度的差异。

遗传:个体的某些特征可以遗传给其后代,导致后代与双亲样本具有一定程度的相似性。

选择:种群内的个体通常在给定的环境中争夺资源。更适应环境的个体在生存方面更具优势,因此会产生更多的后代。

简而言之,进化维持了种群中个体之间的差异。那些适应环境的个体更有可能生存、繁殖,并将其特征传给下一代。这样,随着世代的更迭,物种变得更加适应其生存环境。而进化的重要推动因素是交叉(Crossover)、重组(Recombination)或杂交——通过结合双亲的特征产生后代。交叉有助于维持种群的多样性,并随着时间的推移促进有利特征融合。此外,变异(Mutations)或突变(特征的随机变异)通过引入偶然性的变化也在进化中发挥重要作用。

在无人系统任务分配中,遗传算法的主要优势在于能够处理复杂的任务分配问题,并且能够搜索到全局最优解或者接近最优解的解决方案。遗传算法的实质是通过群体搜索技术,根据适者生存的原则进行逐代进化,最终得到最优解或准优解。算法的执行需要进行以下步骤:产生初始群体、计算每一个体的适应度、根据适者生存的原则选择优良个体、被选出的优良个体进行配对,通过随机交叉其染色体的基因以及随机变异某些染色体的基因后生成下一代群体,按此方法使群体逐代进化,直到满足进化终止条件。其实现方法如下。

1)根据具体问题确定可行解域,确定一种编码方法,能用数值串或字符串表示可行解域的每一个解。

2)对每一个解应设置一个度量好坏的依据。该依据用一个函数表示,称为适应度函数。适应度函数应为非负函数。

3)确定进化参数,包括群体规模 M、交叉概率 P_C、变异概率 P_m、进化终止条件。

一般来说,为便于计算,每一代群体的个体数目都取相等的值。群体规模越大,越容易找到最优解,但由于受到计算机的运算能力的限制,群体规模越大,计算所需要的时间也相应增加。进化终止条件指的是进化结束的时间,它可以设定到某一代进化结束,也可以根据找出近似优解是否满足精度要求来设定。表 3-1 列出了生物遗传概念在遗传算法中的对应关系。

表 3-1 生物遗传概念在遗传算法中的对应关系

生物遗传概念	遗传算法中的作用
适者生存	算法停止时,最优目标值的解有最大的可能被留住
个体	解
染色体	解的编码
基因	解中每一分量的特征
适应性	适应度函数值
种群	根据适应度函数值选取的一组解
交配	通过交配原则产生一组新解的过程
变异	编码的某一分量发生变化的过程

基本遗传算法(也称标准遗传算法或简单遗传算法,Simple Genetic Algorithm,SGA)是一种基于群体型操作的算法,该算法以群体中的所有个体为对象,只使用 3 个基本遗传算子(Genetic Operator):选择算子(Selection

Operator)、交叉算子(Crossover Operator)和变异算子(Mutation Operator)。其遗传进化操作过程简单,容易理解,是其他遗传算法的基础,它不仅给各种遗传算法提供了一个基本框架,还具有一定的应用价值。选择、交叉和变异是遗传算法的3个主要操作算子,它们构成了遗传操作,使遗传算法具有了其他算法没有的特点。

遗传算法的步骤如下。

1. 染色体编码

1)编码。

从问题的解(Solution)到基因型的映射称为编码,即把一个问题的可行解从其解空间转换到遗传算法的搜索空间的转换方法。遗传算法在进行搜索之前先将解空间的解表示成遗传算法的基因型串(也就是染色体)结构数据,这些串结构数据的不同组合就构成了不同的染色体个体。常见的编码方法有二进制编码、格雷编码、浮点数编码、各参数级联编码、多参数交叉编码等。

二进制编码:即组成染色体的基因序列是由二进制数表示,具有编码解码简单易用,交叉变异易于程序实现等特点。

格雷编码:两个相邻的数用格雷码表示,其对应的码位只有一个不相同,从而可以提高算法的局部搜索能力。这是格雷编码相比二进制编码而言所具备的优势。

浮点数编码:将个体范围映射到对应的浮点数区间范围,精度可以随浮点数区间大小而改变。

举个例子:

设某一参数的取值范围为$[U_1, U_2]$,用长度为k的二进制编码符号来表示该参数,则它总共产生2^k种不同的编码,可使参数编码时的对应关系如下。

$0000000\cdots0000 = 0 \longrightarrow U_1 + a$

$0000000\cdots0001 = 1 \longrightarrow U_1 + 2a$

$0000000\cdots0010 = 2 \longrightarrow U_1 + 3a$

$0000000\cdots0011 = 3 \longrightarrow U_1 + 4a$

$\cdots$

$1111111\cdots1111 = 2^k - 1 \longrightarrow U_2$

其中 $a = \dfrac{U_2 - U_1}{2^k - 1}$

2)解码。

遗传算法染色体向问题解的转换称为解码。假设某一个体的编码如上例所示,则对应的解码公式为:

$$X = U_1 + \left(\sum_{i=1}^{k} b_i \cdot 2^{i-1}\right) \cdot \frac{U_2 - U_1}{2^k - 1} \tag{3-15}$$

例如,设有参数 $X \in [2,4]$,现用 5 位二进制编码对 X 进行编码,得到 $2^5=32$ 个二进制串(染色体):00000、00001、00010、00011、00100……11111。

对于任一个二进制编码,只要代入上面公式,就可以得到对应的解码,例如二进制编码 10101,它对应的 X 的值为:$2 + 21 \times \frac{4-2}{2^5 - 1} = 3.3548$。

2. 初始群体的生成

设置最大进化代数 T,群体大小 M,交叉概率 P_C,变异概率 P_m,随机生成 M 个个体作为初始化群体 P_0。

3. 适应度值评估检测

适应度函数用于评估个体或解的优劣性。对于不同的问题,适应函数的定义方式不同。应根据具体问题,计算群体 $P(t)$ 中个体的适应度。

适应度尺度变换通常是指算法迭代的不同阶段,通过适当改变个体的适应度大小,进而避免群体间适应度相当而造成的竞争减弱,导致种群收敛于局部最优解。尺度变换选用的经典方法包括:线性尺度变换、乘幂尺度变换以及指数尺度变换。

1)线性尺度变换。

$$F' = aF + b \tag{3-16}$$

线性尺度变换用一个线性函数表示,其中 a 为比例系数,b 为平移系数,F 为变换前的适应度尺度,F' 为变换后的适应度尺度。

2)乘幂尺度变换。

$$F' = F^k \tag{3-17}$$

乘幂尺度变换是将原适应度尺度 F 取 k 次幂。其中 k 为幂,F 为变换前的适应度尺度,F' 为变换后的适应度尺度。

3)指数尺度变换。

$$F' = e^{-\beta F} \tag{3-18}$$

指数尺度变换是先将原适应度尺度乘以一个 β,然后取反,将 $-\beta F$ 作为自然数 e 的幂,其中 β 的大小决定了适应度尺度变化的强弱。

4. 遗传算子

遗传算法主要使用以下三种遗传算子。

1)选择。

选择操作从旧群体中以一定概率选择优良个体组成新的种群,以繁殖得到下一代个体。个体被选中的概率跟适应度值有关,个体适应度值越高,被选中的概率越大。以轮盘赌法为例,若设种群数为 M,个体 i 的适应度为 f_i,则个体 i 被选取的概率为:

$$P_i = \frac{f_i}{\sum_{k=1}^{M} f_k} \tag{3-19}$$

当个体被选择的概率给定后,产生[0,1]之间的均匀随机数来决定哪个个体参加交配。若个体的选择概率大,则有机会被多次选中,那么它的遗传基因就会在种群中扩大;若个体的选择概率小,则被淘汰的可能性会大。

2)交叉。

交叉操作是指从种群中随机选择两个个体,通过它们的染色体的交换组合,把父串的优秀特征遗传给子串,从而产生新的优秀个体。在实际应用中,使用率最高的是单点交叉算子,该算子在配对的染色体中随机地选择一个交叉位置,然后在该交叉位置对配对的染色体进行基因位变换。该算子的执行过程如图 3-2 所示。

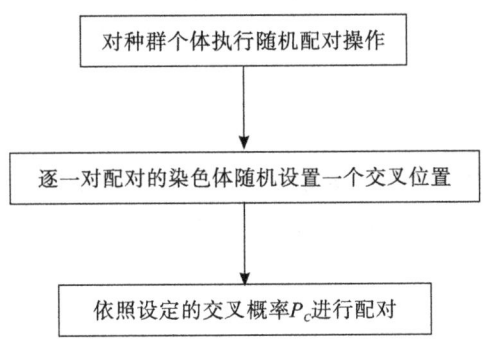

图 3-2 遗传算法交叉流程图

3)变异。

遗传算法在优化过程中可能会陷入局部最优解,因此在搜索过程中,需要对个体进行变异。在实际应用中,主要采用单点变异,也叫位变异,即只需要对基因序列中某一个位进行变异。以二进制编码为例,即 0 变为 1,而 1 变为 0。群体 $P(t)$ 经过选择、交叉、变异运算后得到下一代群体 $P(t+1)$。

5. 算法终止

遗传算法的基本流程如图 3-3 所示，若推演不满足停止准则，则根据适应度值继续选择个体；否则以进化过程中所得到的具有最大适应度的个体作为最优解输出，并终止运算。

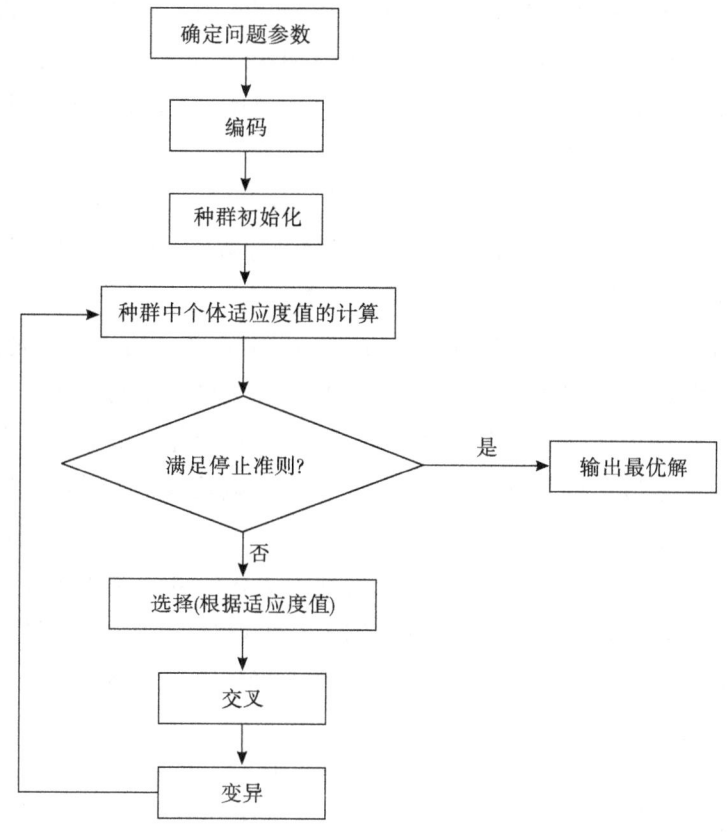

图 3-3　遗传算法流程图

有多种条件可以用于确定算法是否可以停止。两种最常用的停止准则如下。

1) 已达到最大世代数。这也用于限制算法消耗的运行时间和计算资源。

2) 在过去的几代中，个体没有明显的改进。这可以通过存储每一代获得的最佳适应度值，然后将当前的最佳值与预定的几代之前获得的最佳值进行比较来实现。如果差异小于某个阈值，则算法可以停止。

除此之外，还有基于不同角度考虑的其他停止条件：例如，自算法运行开始以来已经超过预定时间；消耗了一定的成本或预算，例如 CPU 时间和/或内存；最好的解已接管了一部分种群，该部分大于预设的阈值。

遗传算法的优点是可以全局搜索最优解,具有很强的鲁棒性和自适应能力。在许多情况下,优化问题具有局部最大值和最小值。这些值所代表的解虽然比周围的解要好,但并不是最优解。大多数传统的搜索和优化算法,尤其是基于梯度的搜索和优化算法,很容易陷入局部最大值,而不是找到全局最大值。遗传算法更有可能找到全局最优解。这是由于它使用了一组候选解进行搜索,而不是一个候选解,而且在许多情况下,交叉和变异操作将导致候选解与之前的解有所不同。只要设法维持种群的多样性并避免过早趋同,就可能产生全局最优解。

遗传算法适用于处理复杂问题,由于遗传算法仅需要评估每个个体的适应度函数得分,而与适应度函数的其他方面(例如导数)无关,因此它们可用于解决具有复杂数学表示、难以或无法求导的函数问题。

遗传算法能够处理缺乏数学表达的问题,这是由于适应度函数是人为设计的。例如,想要找到最有吸引力的颜色组合,可以尝试将不同的颜色组合,并要求用户评估这些组合的吸引力。使用基于意见的得分作为适应度函数,进而应用遗传算法搜索最佳得分组合。即使适应度函数缺乏数学表示,并且无法直接从给定的颜色组合计算分数,仍可以运行遗传算法。只要能够比较两个个体并确定其中哪个更好,遗传算法甚至可以处理无法获得每个个体适应度的情况。例如,利用机器学习算法在模拟比赛中驾驶汽车,然后利用基于遗传算法的搜索通过让机器学习算法的不同版本相互竞争来确定哪个版本更好,从而优化和调整机器学习算法。

遗传算法非常适合并行化和分布式处理,因为适应度是针对每个个体独立计算的,这意味着可以同时评估种群中的所有个体。另外,选择、交叉和突变的操作可以分别在种群中的个体和个体对上同时进行。

进化永无止境,随着环境条件的变化,种群逐渐适应它们。遗传算法可以在不断变化的环境中连续运行,不断学习,并且可以在任何时间点获取和使用当前最佳的解。但这需要环境的变化速度相对于遗传算法的搜索速度较慢。

遗传算法同样有许多局限性,其计算复杂度较高,需要大量的计算资源和时间;收敛速度较慢,相对于一些局部搜索算法,遗传算法的收敛速度通常较慢,这是因为遗传算法涉及整个种群的演化,而不是直接寻找最陡峭的梯度方向;参数调整困难,遗传算法通常涉及一些参数,如交叉概率、变异概率等,调整这些参数以达到最佳性能可能是一项挑战,特别是对于复杂的问题;不适用于所有问题,遗传算法在某些问题上表现出色,但并不适用于所有类型的优化问题,在某些问题上,其他优化算法可能更为高效;不能保证产生全局最优解,虽然遗传算法具有较强的全局搜索能力,但它并不能保证找到全局最优解。有时,遗传算法可能会收敛到局部最优解,特别是在问题的搜索空间非常复杂的情况下。

【例 3-2】 已知敌方 100 个目标的经度、纬度数据如表 3-2 所示。

表 3-2 经度和纬度数据表

经度	维度	经度	维度	经度	维度	经度	维度
53.7121	15.3046	51.1758	0.0322	46.3253	28.2753	30.3313	6.9348
56.5432	21.4188	10.8198	16.2529	22.7891	23.1045	10.1584	124819
20.1050	15.4562	1.9451	0.2057	26.4951	22.1221	31.4847	8.9640
26.2418	18.1760	44.0356	13.5401	28.9836	25.9879	38.4722	20.1731
28.2694	29.0011	32.1910	5.8699	36.4863	29.7284	0.9718	28.1477
8.9586	24.6635	16.5618	23.6143	10.5597	15.1178	50.2110	10.2944
8.1519	9.5325	22.1075	18.5569	0.1215	18.8726	48.2077	16.8889
31.9499	17.6309	0.7732	0.4656	47.4134	23.7783	41.8671	3.5667
43.4740	3.9061	53.3524	26.7256	30.8165	13.4595	27.7133	5.0706
23.9227	7.6306	51.9612	22.8511	12.7938	15.7307	4.9568	8.3669
21.5051	24.0909	15.2548	27.2110	6.2070	5.1442	49.2430	16.7044
17.1168	20.0354	34.1688	22.7571	9.4402	3.9200	11.5812	14.5677
52.1181	0.4088	9.5559	11.4219	24.4509	6.5634	26.7213	28.5667
37.5848	16.8474	35.6619	9.9333	24.4654	3.1644	0.7775	6.9576
14.4703	13.6368	19.8660	15.1224	3.1616	4.2428	18.5245	14.3598
58.6849	27.1485	39.5168	16.9371	56.5089	13.709	52.5211	15.7957
38.4300	8.4648	51.8181	23.0159	8.9983	23.6440	50.1156	23.7816
13.7909	1.9510	34.0574	23.3960	23.0624	8.4319	19.9857	5.7902
40.8801	14.2978	58.8289	14.5229	18.6635	6.7436	52.8423	27.2880
39.9494	29.5114	47.5099	24.0664	10.1121	27.2662	28.7812	27.6659
8.0831	27.6705	9.1556	14.1304	53.7989	0.2199	33.6490	0.3980
1.3496	16.8359	49.9816	6.0828	19.3635	17.6622	36.9545	23.0265

续表

经度	维度	经度	维度	经度	维度	经度	维度
15.7320	19.5697	11.5118	17.3884	44.0398	16.2795	39.7139	28.4203
6.9909	23.1804	38.3392	19.9950	24.6543	19.6057	36.9980	24.3992
4.1591	3.1853	40.1400	20.3030	23.9876	9.4030	41.1084	27.7149

问题1：我方有一个基地，经度和纬度为(70,40)。假设我方飞机的速度为1000公里/小时。我方派一架飞机从基地出发，侦察完敌方所有目标后，再返回原来的基地。在敌方每一目标的侦察时间不计，求该架飞机所花费的时间（假设我方飞机巡航时间可以充分长）。

问题2：我方有三个基地，经度、纬度分别为(70,40)，(72,45)，(68,48)。假设我方所有无人侦察机的速度都为1000公里/小时。三个基地各派出一架无人机侦察敌方目标，怎样划分任务，才能使时间最短，且任务比较均衡。

求解的遗传算法的参数设定如下。

种群大小：$M=50$。

最大代数：$G=1000$。

交叉概率：$P_c=1$，交叉概率为1能保证种群的充分进化。

变异概率：$P_m=0.1$，一般而言，变异发生的可能性较小。

采用十进制编码，用随机数列 $w_1,w_2,\cdots,w_{102}$ 作为染色体，其中 $0<w_i<1$ ($i=2,3,\cdots,101$)，$w_1=0$，$w_{102}=1$；每一个随机序列都和种群中的一个个体相对应。例如一个城市有问题的一个染色体为[0.23,0.82,0.45,0.74,0.87,0.11,0.56,0.69,0.781]，其中编码位置 i 代表城市 i，位置 i 的随机数表示城市 i 在巡回中的顺序，我们将这些随机数按升序排列得到如下巡回。

6—1—3—7—8—4—9—2—5

采用确定性的选择策略，即选择目标函数值最小的 M 个个体进化到下一代，这样可以保证父代的优良特性被保存下来。

模型求解及结论如下。

```
//加载数据
load_sj();//读取数据文件 sj.txt
//初始化数据
initialize_data();
//计算距离矩阵
```

```
calculate_distance_matrix();
//使用改良圈算法选取优良父代A
for (int k = 0; k < w; k++){
    int c[100];
    generate_random_permutation(c); //随机生成100个目标的排列
    int c1[102];
    construct_initial_path(c, c1); //构造初始路径
    int flag = 1;
    while (flag > 0){
        flag = 0;
        for (int m = 0; m < L - 3; m++){
            for (int n = m + 2; n < L - 1; n++){
                if (d[c1[m]][c1[n]] + d[c1[m + 1]][c1[n + 1]] < d[c1[m]][c1[m + 1]] + d[c1[n]][c1[n + 1]]) {
                    flag = 1;
                    reverse_subpath(c1, m + 1, n); //反转子路径
                }
            }
        }
    }
    store_path(A, k, c1); //将路径存储到A中
}
//初始化父代A
initialize_A();
//遗传算法实现过程
for (int k = 0; k < dai; k++){
    int B[w][102];
    copy_population(B, A); //复制父代A到子代B
    //交配产生子代B
    mating(B);
    //变异产生子代C
    mutate(B);
    //将子代B和C合并成种群G
    merge_population(G, A, B);
    //选择优良个体作为新的父代A
```

```
select_fittest_individuals(G, A);
}
//输出最优路径和最小距离
output_best_path_and_distance();
```

计算结果为 40 小时左右。其中的一个巡航路径如图 3-4 所示。

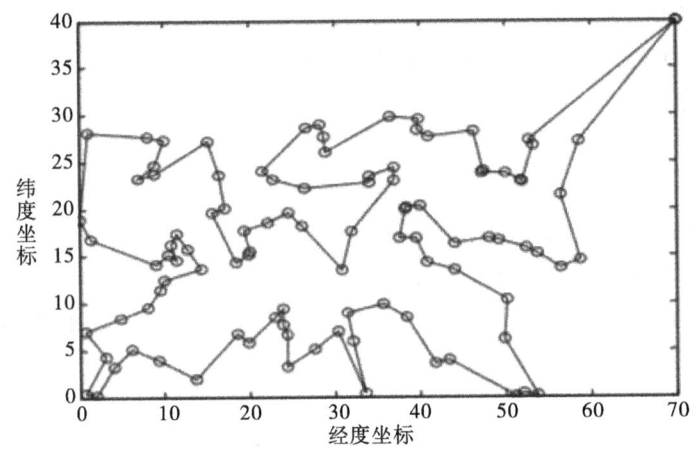

图 3-4 遗传算法求得的巡航路径示意图

3.3.3 模拟退火算法

模拟退火(Simulated Annealing,SA)算法的思想最早是由 Metropolis 等提出的。其出发点是一种基于物理界退火原理的随机优化算法,思路是通过模拟固体材料退火时的温度变化过程,来搜索解空间中的全局最优解。在任务分配问题中,模拟退火算法可以通过不断降低温度的方式,逐步在解空间中找到最优解。这种算法可以应用到多个领域,包括最优化路径规划、任务分配等问题。

在无人系统任务分配中,模拟退火算法能够在搜索过程中接受次优解,从而避免陷入局部最优解,具有较强的全局搜索能力。这对于处理复杂的任务分配问题十分重要,可以更好地探索搜索空间,找到更优的解决方案。并且模拟退火算法通过模拟金属退火的过程,能够在搜索过程中逐步降低温度,从而逐渐减小接受次优解的概率。这种渐进式的搜索策略使得算法具有较好的灵活性和适应性,能够在不同阶段的搜索中作出合适的决策,帮助系统找到较优的任务分配方案,从而提高系统的效率和性能。

模拟退火法是一种通用的优化算法,其物理退火过程由以下三部分组成。

1)加温过程。其目的是增强粒子的热运动,使其偏离平衡位置。当温度足够高时,固体将熔为液体,从而消除系统原先存在的非均匀状态。

2)等温过程。对于与周围环境交换热量而温度不变的封闭系统,系统状态的自发变化总是朝自由能减少的方向进行的,当自由能达到最小时,系统达到平衡状态。

3)冷却过程。该过程使粒子热运动减弱,系统能量下降,得到晶体结构。

模拟退火算法本身是求一个最小值问题,但也可以转化为求最大值问题,只需要对目标函数加个负号或者取倒数即可。

假如我们有一个函数 $y=f(x)$,其图像如图 3-5 所示。现在,如果想找到这个函数的最大值,那么该怎么做呢?模拟退火算法是这么认为的。

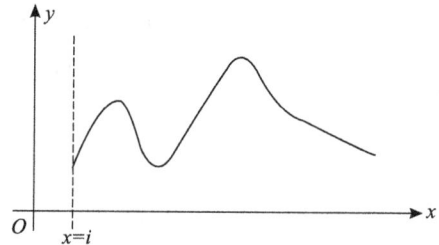

图 3-5　$y=f(x)$ 图像

先在 x 的定义域内,取一个起始点 $x=i$,如图用虚线标记,得到 $y=f(i)$,接着,我们可以采取如下的策略。

让虚线往右移动一个单位,然后进行如下判定。

(1)如果 $f(i+1)>f(i)$,则接受该移动。

这很容易理解,如果发现移动到的新点求出来的值更大,肯定是接受这个移动。

现在,虚线在不断重复操作(1)的过程中,来到了函数的第一个极大值,如图 3-6 所示。

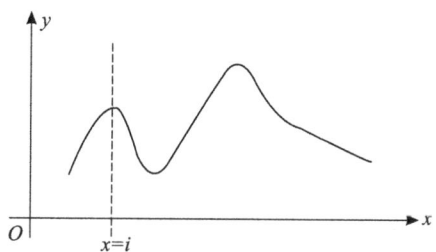

图 3-6　$y=f(x)$ 第一个极大值示意图

现在,我们再执行步骤(1),就会发现 $f(i+1)<f(i)$。在这种情况下,我们可能就不再接受移动了。然而,因为我们事先知道函数图像的形态,知道只要

这个虚线在经过"低谷"后就能找到一个真正的极大值了。可是计算机在执行算法时是不知道该函数图像的形态的,那么该怎么做呢?模拟退火算法的核心在于它不会放弃这个新的 $f(i+1)$,即使它比 $f(i)$ 小,算法允许这种情况发生,并给出一定的时间,观察这个 $f(i+1)$ 能不能蜕变成"最大值"。因此对于 $f(i+1)<f(i)$,我们执行如下操作。

(2)如果 $f(i+1)<f(i)$,则以一定概率接受该移动,并随时间推移降低概率。

而这个概率,就是参考了金属冶炼的退火过程,这也正是这个算法被称为模拟退火算法的原因。

模拟退火算法的优点是简单、易于实现,可以找到全局最优解,为多种问题提供最佳解决方案,并且与遗传算法不同,模拟退火算法不属于群优化算法,不需要初始化种群操作。

模拟退火算法的缺点是计算复杂度较高,需要大量的计算资源和时间,收敛速度较慢,因为它的初始温度一般设定得很高,而终止温度设定得低,以符合物质处于最低能量平衡点的物理规律。而且算法性能与初始值有关,对于参数更加敏感,温度管理(起始、终止温度)、退火速度(衰减函数)等对寻优结果均有影响,比如温度的衰减速度如果太快,可能就会导致寻找不到全局最优解。

【例 3-3】 计算函数 $f(x) = \sum_{i=1}^{n} x_i^2$ $(-20 \leqslant x_i \leqslant 20)$ 的最小值,其中个体 x 的维数 $n=10$。

优化结束后,结果为:$x = [-0.0282, 0.0046, -0.0158, 0.0265, 0.0345, 0.0436, -0.0467, 0.0006, 0.0179, -0.0282]$。

算法的伪代码如下。

```
int main(){
    //随机选定初值设定
    double PreX[D];
    double PreBestX[D];
    double BestX[D];
    for (int i = 0; i < D; i++){
        PreX[i] = (double)rand() / RAND_MAX * (Xs - Xx) + Xx;
        PreBestX[i] = PreX[i];
        BestX[i] = PreX[i];
    }
```

```
//每迭代一次退火一次(降温),直到满足迭代条件为止
double deta = fabs(func1(BestX) − func1(PreBestX));
while (deta > YZ && T > 0.001){
  T = K * T;
  //当前温度 T 下的迭代次数
  for (int i = 0; i < L; i++){
    //在此点附近随机选下一个点
    double NextX[D];
    for (int j = 0; j < D; j++){
      NextX[j] = PreX[j] + S * ((double)rand() / RAND_MAX * (Xs − Xx) + Xx);
      //边界条件处理
      if (NextX[j] > Xs || NextX[j] < Xx)
        NextX[j] = PreX[j] + S * ((double)rand() / RAND_MAX * (Xs − Xx) + Xx);
    }
    //是否全局最优解
    if (func1(BestX) > func1(NextX)) {
      //保留上一个最优解
      for (int j = 0; j < D; j++)
        PreBestX[j] = BestX[j];
      //此为新的最优解
      for (int j = 0; j < D; j++)
        BestX[j] = NextX[j];
    }
    // Metropolis 过程
    if (func1(PreX) − func1(NextX) > 0) {
      //接受新解
      for (int j = 0; j < D; j++)
        PreX[j] = NextX[j];
    } else{
      double changer = −1 * (func1(NextX) − func1(PreX)) / T;
      double p1 = exp(changer);
      //接受较差的解
      if (p1 > (double)and() / RAND_MAX) {
```

```
            for (int j = 0; j < D; j++)
                PreX[j] = NextX[j];
        }
      }
    }
    deta = fabs(func1(BestX) - func1(PreBestX));
  }
}
double func1(double x[]){
  double summ = 0;
  for (int i = 0; i < D; i++)
    summ += x[i] * x[i];
  return summ;
}
```

约束满足算法:约束满足算法是一种基于逻辑推理的搜索算法,其思路是通过定义约束条件来限制搜索解空间,从而快速找到合法的解。在任务分配问题中,约束满足算法可以通过定义任务间的约束关系来限制无人机或机器人的分配方案。例如,某些任务可能需要同时由多个无人机或机器人协同执行,或者某些无人机或机器人可能只适合执行特定类型的任务。约束满足算法的优点是可以快速找到合法的解,具有很强的可扩展性和适应性;缺点是可能无法找到最优解,需要对约束条件进行合理的设计和调整。

3.3.4 匈牙利算法

匈牙利算法是一种在多项式时间内求解任务分配问题的组合优化算法,并推动了后来的原始对偶方法。1955 年,库恩(W. W. Kuhn)利用匈牙利数学家康尼格(D. König)的一个定理构造了这个解法,故称之为匈牙利算法。简单来说,匈牙利算法是一种基于图论的二分图最大匹配算法,其核心思想是将任务和无人机或机器人抽象为两个节点集合,并通过构建二分图来求解最优匹配,即通过不断增加匹配的边来寻找最大匹配,直到不能再增加为止。匈牙利算法的主要算法步骤如下。

步骤1:初始化。首先将所有顶点标记为未匹配状态,并且将匹配数初始化为0。

步骤2:匹配增广。从未匹配的顶点开始,尝试将其与未匹配的相邻顶点进行匹配。如果找到了一条增广路径（即一条交替出现未匹配边和已匹配边的路径），则将路径上的边进行匹配，并将匹配数增加1。

重复步骤2：不断重复步骤2，直到不能再找到增广路径为止。此时，找到的匹配即为最大匹配。

匈牙利算法的核心在于寻找增广路径的过程，通常使用深度优先搜索（Depth First Search，DFS）或广度优先搜索（Breadth First Search，BFS）来实现。在每次寻找增广路径时，算法会尝试将未匹配的顶点作为起点，通过搜索找到一条增广路径，然后根据路径上的边进行匹配。通过不断地增加匹配数，最终得到最大匹配。

尽管匈牙利算法的时间复杂度较高，但在实际中仍然被广泛应用。这是因为它相对简单且容易实现，并且对于一般规模的问题具有较好的性能。

在无人系统任务分配中，匈牙利算法可以通过构建任务和无人机或机器人之间的完全二分图，找到任务和执行者之间的最优匹配方案，以最大化系统的效率和性能。通过最优匹配，可以确保每个任务都能够被合适的执行者处理，从而提高任务完成的效率和质量。匈牙利算法还能够根据任务的需求和执行者的能力灵活调整任务分配方案，从而增强系统的适应性和灵活性，系统可以根据实时情况进行任务重新分配，以应对突发事件和变化的需求，提高任务完成效率。

匈牙利算法的优点是简单、快速，易于理解和编写，可以找到全局最优解，具有较高的效率。相比于暴力枚举所有可能的匹配，匈牙利算法具有较快的执行速度。

匈牙利算法的缺点是只适用于二分图最大权匹配问题，对于其他类型的匹配问题可能不适用，算法的时间复杂度较高，在顶点数量较大时可能会变得非常耗时，并且算法对于边权重的限制较强，要求边权重必须是非负整数，对于需要处理负权重或者浮点数权重的情况，匈牙利算法可能需要进行适当的修改。

【例3-4】 *Boys*和*Girls*分别是两个点集，里面的点分别代表男生和女生，连线表示他们之间存在"暧昧关系"，如图3-7所示。最大匹配问题可类比为，假如你是红娘，可以撮合任何一对有暧昧关系的男女，那么你最多能成全多少对情侣？（数学表述：在二分图中最多能找到多少条没有公共端点的连线。）

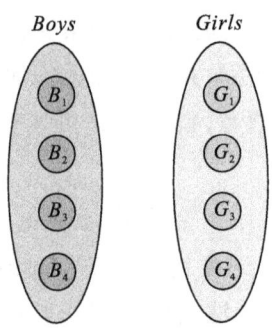

图 3-7　Boys 和 Girls 关系图

思路：以 B_1 为起点进行分析（男女平等，从女生集合开始分析也是可以的），他与 G_2 有暧昧，因此我们暂时把他与 G_2 连接（注意这时只是你作为一个红娘的构想，并非实际操作，此时的安排都是暂时的），如图 3-8 所示。

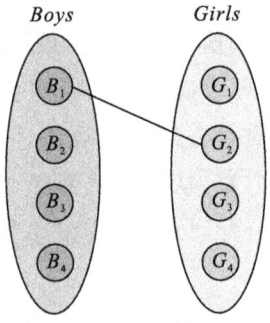

图 3-8　连接 B_1 和 G_2

接下来考虑 B_2，B_2 也喜欢 G_2，但这时 G_2 已经"名花有主"了（虽然只是我们设想的），因此我们需要回顾 G_2 目前被安排的男友 B_1，B_1 是否可以与其他女生配对呢？我们发现 G_4 还没有被安排，因此我们将 B_1 与 G_4 进行配对，如图 3-9 所示。

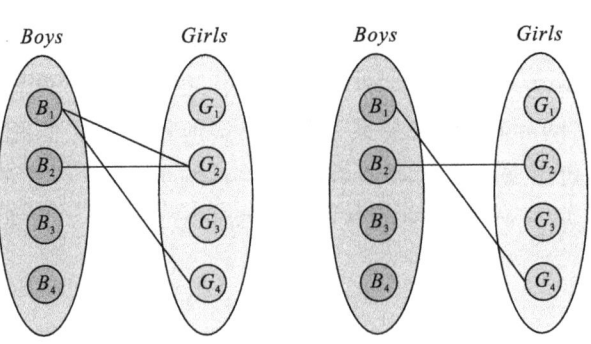

图 3-9　连接 B_1 和 G_4 以及 B_2 和 G_2

然后考虑 B_3，B_3 可直接与 G_1 配对，这没什么问题。至于 B_4，他只钟情于 G_4，G_4 目前配的是 B_1。B_1 除了 G_4 还可以选 G_2，但是，如果 B_1 选了 G_2，G_2 的原配 B_2 将没有其他女生可选，如图 3-10 所示。

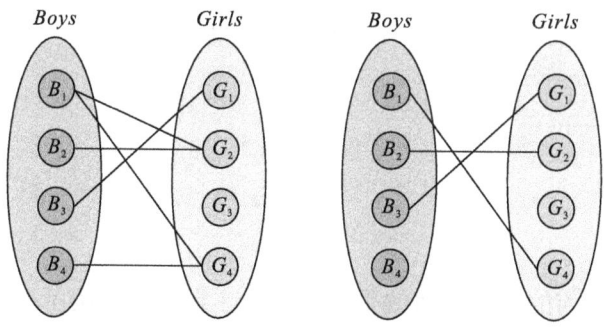

图 3-10　连接 B_3 和 G_1

算法的伪代码如下。

```
int M, N;              //M，N 分别表示左、右侧集合的元素数量
int Map[MAXM][MAXN];   //邻接矩阵存图
int p[MAXN];           //记录当前右侧元素所对应的左侧元素
bool vis[MAXN];        //记录右侧元素是否已被访问过
bool match(int i)
{
  for (int j = 1; j <= N; ++j)
    if (Map[i][j] && ! vis[j])  //有边且未访问
    {
      vis[j] = true;            //记录状态为访问过
      if (p[j] == 0 || match(p[j]))  //如果暂无匹配，或者原来匹配的左侧元素可以找到新的匹配
      {
        p[j] = i;   //当前左侧元素成为当前右侧元素的新匹配
        return true;//返回匹配成功
      }
    }
  return false;//循环结束，仍未找到匹配，返回匹配失败
}
int Hungarian()
```

```
{
    int cnt = 0;
    for (int i = 1; i <= M; ++i)
    {
        memset(vis, 0, sizeof(vis)); //重置 vis 数组
        if (match(i))
            cnt++;
    }
    return cnt;
}
```

该流程与之前的分析描述的是一致的。注意这里使用了一个递归的技巧，不断往下递归，尝试寻找合适的匹配。

以上是几种常见的任务分配算法，每种算法都有其独特的优势和适用场景。在实际应用中，我们需要根据具体的问题来选择合适的算法，并对算法进行合理的参数调整和优化。同时，我们还需要考虑无人系统中的实际约束条件，例如无人机或机器人的数量、通信带宽、能量消耗等，以确保任务分配算法具有可行性和实用性。

3.3.5 禁忌搜索算法

禁忌搜索算法(Tabu Search，TS)，又称禁忌搜寻法，是一种现代启发式算法，由美国科罗拉多大学教授 Fred Glover 在 1986 年左右提出，是一个用来跳脱局部最优解的搜索方法。该算法首先创建一个初始化的方案，基于此，算法"移动"到相邻的方案。经过许多连续的移动过程，提高解的质量。

禁忌搜索算法中有一些基本概念，其中禁忌表是指用来存放(记忆)禁忌对象的表，它是禁忌搜索得以进行的基本前提，禁忌表本身是有容量限制的，其大小对存放禁忌对象的个数有影响，会影响算法的性能。禁忌对象是指禁忌表中被禁止的那些变化元素，禁忌对象的选择可以根据具体问题而制定。例如在旅行商问题(Traveling Salesman Problem，TSP)中可以将交换的城市对作为禁忌对象，也可以将总路径长度作为禁忌对象。禁忌期限也被称为禁忌长度，指的是禁忌对象不能被选取的周期。禁忌期限过短容易出现循环，跳不出局部最优解，禁忌期限过长会造成计算时间过长。渴望准则也称为特赦规则，当所有的对象都被禁忌之后，可以让其中性能最好的被禁忌对象解禁，或者当某个对象解禁会带来目标值的很大改进时，也可以使用特赦规则。

禁忌搜索算法的基本思想：采用邻域选优的搜索方法，为了逃离局部最优解，算法必须能够接受劣解，即每一次得到的解不一定优于原来的解。但是，一旦接受了劣解，算法迭代就可能陷入循环。为了避免循环，算法将最近接受的一些移动放在禁忌表中，在以后的迭代中加以禁止。即只有不在禁忌表中的较好解（可能比当前解差）才能被接受作为下一代迭代的初始解。随着迭代的进行，禁忌表不断地更新，经过一定的迭代次数后，最早进入禁忌表的移动就从禁忌表中解禁退出。

禁忌搜索算法基本流程如图 3-11 所示。算法在初始化的时候，在搜索空间随机生成一个初始解 i，禁忌表 H 置空，当前解 i 记为历史最优解 s，然后进入迭代的搜索过程。在每一次迭代中，都从当前的解 i 出发，在当前禁忌表 H 的

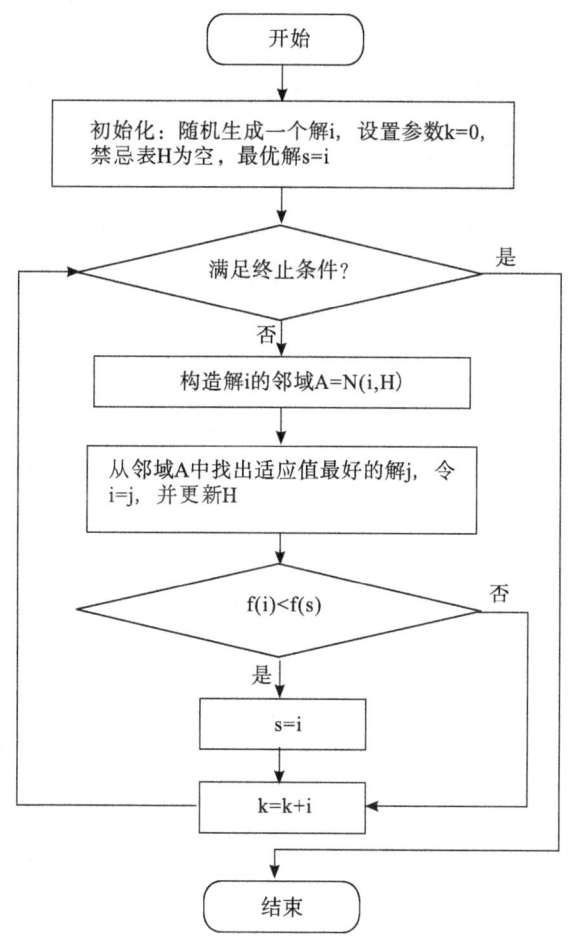

图 3-11　禁忌搜索算法基本流程图

限制下，构造出解 i 的邻域 A，然后从 A 中选出适应值最好的解 j 来替换解 i，同时更新禁忌表 H。在解 j 替换解 i 之后，如果解 i 的质量得到改善，那么历史最优的解 s 将被解 i 替换；否则，s 保持不变，即使解 i 虽然暂时变差了，但是由于扩大了搜索空间，仍有利于跳出局部最优解。得到了新的当前解 i 之后，算法返回迭代的开始继续进行，直到找到最优解或者运行了一定的迭代次数后达到终止条件再结束算法。

在无人系统任务分配中，禁忌搜索算法的作用广泛。算法具有全局优化能力，能够通过避免陷入局部最优解的局限性，进行全局搜索，以寻找更优的任务分配方案。它可以在搜索过程中克服局部最优解的限制，从而更有可能找到全局最优解。禁忌搜索算法不仅能够进行全局搜索，还能够在局部搜索中高效地寻找更优的解，通过禁忌列表和禁忌策略，它能够避免在搜索过程中重复探索相似的解决方案，从而提高搜索效率。禁忌搜索算法还具有较高的灵活性和自适应性，能够根据搜索过程中的实时情况调整搜索策略。它可以根据目标函数的变化、搜索空间的特性等动态调整搜索策略，以更好地适应不同的任务分配问题，帮助系统找到较优的任务分配方案，从而提高系统的效率和性能。

禁忌搜索算法的优点包括全局搜索能力强、易于实现、能够灵活调整参数以及适用于处理大规模问题。禁忌搜索算法通过引入禁忌表和禁忌策略，能够在搜索过程中跳出局部最优解，更有可能找到全局最优解；相对于一些复杂的优化算法，禁忌搜索算法的实现相对简单，易于理解和编写；算法中的参数如禁忌表长度、禁忌期限等可以根据问题的特点进行调整，使算法更适应不同问题的求解；同时，禁忌搜索算法适用于大规模的组合优化问题，能够在较短的时间内找到较好的解。

然而，禁忌搜索算法也存在一些缺点。其中包括参数选择困难、计算复杂度较高以及难以处理连续空间问题。参数选择是禁忌搜索算法中一个关键的问题，不同问题可能需要不同的参数设置，因此在实践中需要仔细调整参数以获得更好的效果；尽管禁忌搜索算法具有一定的全局搜索能力，但在某些情况下仍可能陷入局部最优解，无法找到全局最优解；在搜索过程中，禁忌搜索算法需要维护禁忌表、进行禁忌策略的更新等操作，可能会增加算法的计算复杂度；另外，禁忌搜索算法更适用于离散空间的组合优化问题，对于连续空间问题的处理相对困难。

综上所述，禁忌搜索算法在解决组合优化问题方面具有一定的优势，但在实际应用中需要考虑其参数选择、局部最优解、计算复杂度等方面的限制。在选择优化算法时,需要综合考虑问题特点和算法特性,以达到更好的优化效果。

【例 3-5】 假设有意旅行商要拜访我国 31 个省会城市(港澳台省会除外),各个城市的坐标如表 3-3 所示,城市分布如图 3-12 所示。有意旅行商从一个城市出发,需要经过所有城市后回到出发地。每个城市只能经过一次,要求选择一个最短路径。

表 3-3 各个城市的坐标

城市	x	y	城市	x	y
1	1304	2312	17	3918	2179
2	3639	1315	18	4061	2370
3	4177	2244	19	3780	2212
4	3712	1399	20	3676	2578
5	3488	1585	21	4029	2838
6	3326	1556	22	4263	2931
7	3238	1229	23	3429	1908
8	4196	1044	24	3507	2376
9	4312	790	25	3394	2643
10	4386	570	26	3439	3201
11	3007	1970	27	2935	3240
12	2562	1756	28	3140	3550
13	2788	1491	29	2545	2857
14	2381	1676	30	2778	2826
15	1332	695	31	2370	2975
16	3715	1678			

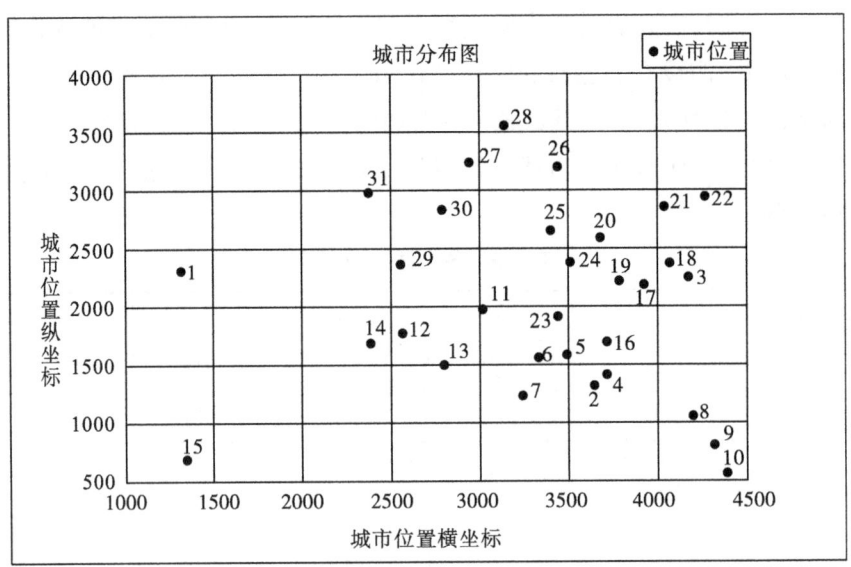

图 3-12 城市分布图

禁忌搜索算法的求解过程如下。

(1) 初始化参数、置空禁忌表。初始化城市规模 n=31，禁忌长度 TabuL=22，候选解的个数 Ca=200，最大迭代次数 iter_max=1000，citys 表示 31 个城市的坐标等参数。该过程的代码如下。

```
load citys_data.mat;
n = size(citys, 1);                  %城市数目
D = zeros(n);                        %距离矩阵
Tabu = zeros(n);                     %禁忌表
TabuL = round(sqrt(n * (n-1)/2));    %禁忌长度
Ca = 200;                            %候选集的个数(全部邻域解个数)

Canum = zeros(Ca, n);                %候选解集合
S0 = randperm(n);                    %随机产生初始解
bestsofar = S0;                      %当前最佳解
BestL = Inf;                         %当前最佳解距离
iter = 1;                            %初始迭代次数
iter_max = 1000;                     %最大迭代次数
```

(2) 初始化参数，求两两城市之间的距离矩阵 D，随机产生一组初始解，计算适应度值（即路径距离）并赋值给 bestsofar。其中，

$$D_{i,j} = \sqrt{(x_i - x_j)^2 + (y_i - y_j)^2}$$

$$\boldsymbol{D} = \begin{bmatrix} D_{1,1} & D_{1,2} & \cdots & D_{1,31} \\ D_{2,1} & D_{2,2} & \cdots & D_{2,31} \\ \vdots & \vdots & & \vdots \\ D_{31,1} & D_{31,2} & \cdots & D_{31,31} \end{bmatrix}$$

该过程的代码如下。

```
%%计算距离矩阵
for i = 1:n
  for j = i+1:n
    D(i, j) = sqrt(sum((citys(i,:)−citys(j,:)).^2));
    D(j, i) = D(i, j);
  end
end
```

(3)定义初始解的邻域映射为 2-opt 形式,即初始解路径中随机交换两个城市。该过程的代码如下。

```
int i = 0;
int A[Ca][2] = {0};    //交换的城市矩阵,200 行 2 列
int flag = 0;
int BestCanum = Ca / 2;
double BestCa[BestCanum][4]; //最好候选解
double F[Ca]; //适应度值数组
//求邻域解中交换的城市矩阵
while (i < Ca){
  int r[2] = {rand() % n + 1, rand() % n + 1}; //随机交换两个城市
  if (r[0] ! = r[1]){
    A[i][0] = (r[0] > r[1]) ? r[0] : r[1];
    A[i][1] = (r[0] < r[1]) ? r[0] : r[1];
    if (i == 0)
      flag = 0;
    else{
      flag = 0;
      for (int j = 0; j < i; j++){
        if (A[i][0] == A[j][0] && A[i][1] == A[j][1]){
          flag = 1;
```

```
                    break;
                }
            }
        }
        if (! flag)
            i++;
    }
}
//产生邻域解
for (int i = 0; i < Ca; i++){
    //操作 Canum 数组得到邻域解
    //计算适应度值 F[i]
    if (i < BestCanum){
        //选取候选集
        BestCa[i][0] = i; //保存序号
        BestCa[i][1] = F[i]; //保存适应度值
        BestCa[i][2] = S0[A[i][0]]; //保存交换后的数据
        BestCa[i][3] = S0[A[i][1]]; //保存交换后的数据
    } else{
        //更新候选集
        for (int j = 0; j < BestCanum; j++){
            if (F[i] < BestCa[j][1]){
                BestCa[j][0] = i;
                BestCa[j][1] = F[i];
                BestCa[j][2] = S0[A[i][0]];
                BestCa[j][3] = S0[A[i][1]];
                break;
            }
        }
    }
}
//对候选集按照适应度值进行升序排列
//省略排序部分,假设已经对 BestCa 进行了升序排列
```

(4) 判断选出的解是否满足特赦准则。代码如下。

%%特赦准则

```
        if BestCa(1, 2) < BestL       %候选解比最佳值都还小,那么不管在不在禁忌
                                       %表中,都是一样的操作
      %在禁忌表中,全部减1,特赦出来,放在最后
      %不在禁忌表中,全部减1,放在最后
        BestL = BestCa(1, 2);          % BestL 当前最优解适配值
        S0 = Canum(BestCa(1,1), :);    % 最优解的替换
        bestsofar = S0;
      %更新禁忌表
        for i = 1:n
          if Tabu(i, :) ~= 0
            Tabu(i, :) = Tabu(i, :)-1;
          end
        end
        Tabu(BestCa(1, 3), BestCa(1, 4)) = TabuL;   % 更新禁忌表,把特赦
                                                    % 的这个放在最末端
      else        %候选解中最佳的解仍然没有比目前最佳值更优,则:
        for i = 1:BestCanum                         %遍历候选集
          if Tabu(BestCa(i, 3), BestCa(i, 4)) == 0  % BestCa 就是从小到大
          %排列的,选取第一个不在禁忌表中的解,即禁忌长度为0
            S0 = Canum(BestCa(i, 1), :);  % 则释放,并作为下一次迭代的初始解
            for j = 1:n
              if Tabu(j, :) ~= 0
                Tabu(j, :) = Tabu(j, :)-1;
              end
            end
            Tabu(BestCa(i, 3), BestCa(i, 4)) = TabuL;   % 放到禁忌表最末端
            break;   %立刻跳出 for 循环,因为已经选中不在禁忌表中的最佳解了
          end
        end
      end
```

习题 3

1. 什么是无人系统中的任务分配?其主要步骤有哪些?
2. 详细说明任务分配调度在无人系统任务规划中承担的角色及其作用。

3. 无人系统任务分配的算法有哪些?
4. 集中式求解算法主要分为哪两类,列举其各自类别的代表性算法。
5. 无人系统中的多机器任务协同指的是什么。
6. 简述无人系统协同控制所面临的挑战及相应的应对方式。
7. 集群协同作战任务分配的经典模型主要有哪些?
8. 无人机任务分配的基本原则有哪些?
9. 常见调度算法有哪些,其算法的基本原理是什么?
10. 分布式协同控制是什么？具体描述分布式协同控制的流程。
11. 马尔可夫过程指的是什么?
12. 多机器任务协同需要解决的主要问题有哪些?

第 4 章　无人系统路径规划

【本章目标】
1. 了解无人系统路径规划的基本定义。
2. 掌握常见的无人系统全局路径规划算法。
3. 掌握常见的无人系统局部路径规划算法。
4. 掌握常见的无人系统动态路径规划算法。

4.1　路径规划

4.1.1　路径规划的定义

路径规划是指在给定的环境中,为移动体(如机器人、车辆、飞行器等)确定一条从起点到目标点的最佳路径的过程。路径规划需要考虑环境约束、移动体能力和任务目标等因素,以找到一条满足特定条件的最优路径。对于移动体,规划出一条良好的路径与在路径上成功进行避障十分重要,不合适的路径可能会导致移动体与其他物体碰撞造成事故或浪费大量的时间。路径规划在许多领域中都有广泛的应用,包括自动驾驶、无人机航行、物流配送、机器人导航等。通过有效的路径规划,可以提高移动体的安全性、效率和性能,实现自主导航和任务的高效完成。

根据环境信息的知悉情况,路径规划可分全局路径规划和局部路径规划,也可以同时应用这两种方法,称为混合规划。全局路径规划一般运用在环境信息已获得的情况下,常见的有 A* 算法、遗传算法、粒子群算法、随机采样法(Probabilistic Road Maps,PRM)和快速搜索随机树(Rapidly-exploring Random Tree,RRT)算法等。局部路径规划算法常被应用在动态的未知或部分已知环境中的路径规划问题,常见的有遗传算法、动态窗口法(Dynamic Window Approach,DWA)、蚁群算法等。在现实场景的应用中,常常使用将全局路径规划和局部路径规划结合起来的混合规划。

全局信息处理时存在计算较复杂、实时性不佳等缺点。当环境信息未知时，全局路径规划的弊端就显现出来了，此时需要局部路径规划方法对移动体的路径进行规划，这种方法需要借助设备上部署的传感器装置来测定相应的物体分布情况，同时引用人工势场、动态窗口法、RRT 算法、Morphine 算法等进行分析设计，实现相应的避障效果。局部路径规划有其自身的优点，例如该算法具有较好的实时性，但它也存在一定的缺点，例如在规划路径的过程中容易陷入局部最优从而使移动体无法达到指定的地点。全局路径规划主要负责在较大范围内寻找一条从起点到终点的无碰撞安全路径，而局部路径规划则在全局路径规划的基础上，针对局部环境进行细化调整，使机器人或车辆在复杂环境中能够稳定地行驶。混合规划主要是用在当全局环境已经知晓，但可能会有一些静态或者动态的障碍物出现的复杂环境。混合规划的使用步骤首先是用全局规划算法规划出一条最优的路径供移动体行驶，如果移动体在行驶的过程中遇到了静态的障碍物，或者诸如行人等的动态的障碍物，则立刻调用局部规划算法规划出一条路径，使得移动体能够成功避障，最后当移动体避障成功之后又继续回到原路径上行驶至终点。混合路径规划算法结合了全局路径规划和局部路径规划的优势，能够在不同层次上协同工作，以实现在复杂环境中高效、安全的导航。

还有一些混合规划采用分层路径规划策略，将路径规划分为两个层次：高层和低层。高层负责长期规划，主要采用全局路径规划算法，如 A*、Dijkstra 等，寻找一条较长的可行路径；低层负责实时规划，采用局部路径规划算法，如 TEB 等，对高层规划的路径进行细化和调整。这种分层路径规划方法可以在保证全局路径规划的稳定性的同时，提高局部路径规划的实时性能。

也有一些混合规划使用模块化路径规划框架，将路径规划分为多个子任务，包括全局路径规划、行为决策和局部路径规划。全局路径规划负责在较大范围内寻找一条无碰撞路径，行为决策根据全局路径规划的结果选择合适的行为策略，局部路径规划则针对当前环境的动态变化对全局路径进行调整。这种模块化方法可以在不同层次上协同工作，实现高效、安全的路径规划。

4.1.2 无人系统路径规划的发展现状

随着科学技术的不断发展，路径规划技术面对的环境将更为复杂多变。这就要求路径规划算法要具有迅速响应复杂环境变化的能力。

无人系统路径规划目前需要面临的工作情景对其提出了新的要求,包括:复杂适应性要求、实时性要求、安全性要求、有效性要求。复杂适应性要求是指无人系统可能需要在复杂的环境中行驶,例如拥挤的城市街道、崎岖的山地、茂密的森林等,这些环境会对无人系统的路径规划造成挑战。实时性要求是指无人系统通常需要在实时环境中行驶,因此需要快速规划路径。但是,在复杂的环境中,计算路径需要耗费较长的时间。安全性要求是指无人系统的路径规划需要考虑安全性,避免与障碍物发生碰撞或者与其他车辆发生碰撞。有效性要求需要考虑多种目标的路径优化,例如最小化路径长度、最大化路径安全性等。

1. 无人系统的新要求

以上要求在目前不是单个或单方面算法所能满足的,除了研究发现新的路径规划算法外,无人系统的发展也有一些新的要求。

1)基于规则的路径规划:通过事先定义规则,来规划无人系统的路径。这种方法目前仅适用于简单环境,对于复杂环境不适用。

2)基于搜索的路径规划:使用搜索算法来寻找最优路径。这种方法可以适用于复杂环境,但是计算时间较长。

3)基于机器学习的路径规划:使用机器学习算法来学习最优路径。这种方法可以适用于复杂环境,并且可以快速规划路径。

4)基于人工智能的路径规划:使用人工智能算法来规划最优路径。这种方法可以考虑多个因素,例如环境复杂性、实时性要求、安全性要求等。

2. 无人系统路径规划的发展方向

现阶段无人系统路径规划具有发展前景的几个方向如下。

1)先进路径规划算法的改进。任何一种算法在实际应用过程中都要面对诸多困难,特别是自身的局限性。例如:A^*算法作为一种启发式搜索算法具有鲁棒性好,快速响应的特点,但在实际应用中还是存在弊端。对于A^*算法应用于无人机航迹规划时的局限,李季等提出了改进的A^*算法,解决了A^*算法难以满足直飞限制并且有飞机最小转弯半径等约束的问题。

2)路径规划算法的有效结合(即混合算法)。任何单一路径规划算法都不可能解决所有实际应用中的路径规划问题,特别是在面对交叉学科的新问题时,研究新算法的难度大,而路径规划算法间的优势互补为解决这一问题提供了可能。对于多空间站路径规划问题,金飞虎等把蚁群算法和神经网络方法相结合解决了这一问题,并避免了单纯运用神经网络算法时出现的局部最小问题。

3）环境建模技术和路径规划算法的结合。面对复杂的二维甚至三维连续动态环境信息时，算法的能力是有限的，将好的建模技术和优秀路径规划算法相结合将成为解决这一问题的有效方法。如栅格法和蚁群算法的结合，C空间法和Dijkstra算法的结合等。

4）多智能体并联路径规划算法设计。随着科学技术的应用发展，多智能体并行协作已经得到广泛应用。其中，多机器人协作和双机械臂协作中的路径冲突问题日渐为人们所关注，如何实现其无碰路径规划将成为日后研究的热点之一。

4.2 基本全局路径规划算法

常见的全局路径规划算法包括以迪杰斯特拉（Dijkstra）算法、A*算法为代表的搜索规划算法和以RRT算法为代表的采样规划算法。依据实时传感器数据的局部路径规划算法有人工势场法和动态窗口法。

Dijkstra算法采用遍历搜索方式，当规划节点数较多且节点网络非常庞大时，算法效率低下。在Dijkstra算法的基础上，A*算法引入目标点到当前点的估计代价，根据估计代价决定路径搜索方向，提高了算法效率。RRT算法通过不断地在自由空间中随机采样，逐渐生成一棵搜索树，直到找到一条连接起点和终点的路径，它是一种高效、实时的路径规划算法，能在复杂环境中求解移动体的运动路径，但也会存在路径质量不稳定，运动效率不高等缺点。动态窗口法本质上是一个局部路径规划算法，它只关注移动体附近的环境，因此具有较好的实时性，但算法复杂度较高，对规划环境要求较高。人工势场法是一种启发式搜索算法，是移动体路径规划和局部避障运动中较为常用的方法之一。由于人工势场法具有数学原理简单、计算速度快等优点，并能在大部分移动体路径规划问题中取得较好的结果，因此广泛地应用于移动体的路径规划中，但也存在目标不可达和局部最小值的问题。

除此之外还有两类常用的规划思路，对应的一类算法，分别是滚动规划和机器学习。滚动规划是一种在线规划方法，它将长期规划与短期规划相结合。滚动规划可以在未知或动态环境中找到可行路径，并在实时更新环境中进行调整。机器学习在路径规划中也发挥着越来越重要的作用。例如，可以使用深度学习方法对环境进行建模，然后利用强化学习算法进行路径规划。这种方法可以在复杂环境中找到最优路径。

这些算法在不同的场景和环境中均具有各自的优势，可以根据实际需求选择合适的算法进行路径规划。

4.2.1 Dijkstra 算法

迪杰斯特拉(Dijkstra)算法是由荷兰计算机科学家狄克斯特拉于 1959 年提出的，因此又被称为狄克斯特拉算法。Dijkstra 算法是从一个顶点到其余各顶点的最短路径规划算法，适用于解决有权图中的最短路径问题。Dijkstra 算法的主要特点是从起始点开始，采用贪心算法的策略，每次遍历到与始点距离最近且未访问过的顶点的邻接节点，直到扩展到终点为止。改进的 Dijkstra 算法可以应用于地理信息系统(Geographical Information System,GIS)中，根据用户给出的起始节点、必经点序列和目标节点，在 GIS 的交通层中找到最短路径。

算法的实现过程如下。

如图 4-1 所示，设 $G=(V, E)$ 是一个带权有向图，把图中节点集合 V 分成两组，第一组为已求出最短路径的节点集合(用 S 表示)，初始时 S 中只有一个源点，以后每求得一条最短路径，就将该节点加入集合 S 中，直到全部节点都加入 S 中，算法结束。

第二组为其余未确定最短路径的节点集合(用 U 表示)，按最短路径长度的递增次序依次把 U 中的节点加入 S 中。在加入的过程中，保持从源点 v 到 S 中各节点的最短路径长度不大于从源点 v 到 U 中任何节点的最短路径长度。

此外，每个节点对应一个距离，S 中的节点的距离就是从 V 到此节点的最短路径长度，U 中的节点的距离是从源点到此节点只包括 S 中的节点为中间节点的当前最短路径长度。

初始时，S 只包含起点 s，U 包含除 s 外的其他节点，且 U 中节点的距离为"起点 s 到该节点的距离"。例如，U 中节点 v 的距离为 (s,v) 的长度，s 和 v 不相邻，则 v 的距离为 ∞；从 U 中选出"距离最短的节点 k"，并将节点 k 加入 S 中；同时，从 U 中移除节点 k。更新 U 中各节点到起点 s 的距离。之所以更新 U 中节点的距离，是由于上一步中确定了 k 是求出最短路径的节点，从而可以利用 k 来更新其他节点的距离，直到遍历完所有节点。

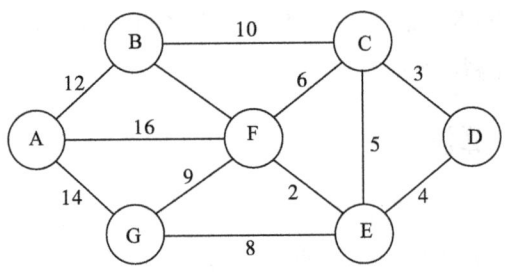

(a) 带权有向图

(b) 节点的邻近节点数

字母节点	A	B	C	D	E	F	G
邻节点	B/F/G	A/C/F	B/D/E/F	C/E	C/D/F/G	A/G/C/E/G	A/E/F

(c) 字母节点—数字节点对应表

字母节点	A	B	C	D	E	F	G
数字节点	1	2	3	4	5	6	7

图 4-1 Dijkstra 算法示例

Dijkstra 算法的局限性：如果存在一个环（从某个点出发又回到该点的路径），而且这个环上所有权值之和是负数，则称该环为负权环（也称为负权回路，如图 4-2 所示），那么只要无限次地走这条负权回路，便可以无限制地减少它的最短路径权值，这就变相地说明最短路径不存在。对于一个不存在最短路径的图，Dijkstra 算法无法检测出这个问题，因此最后求解的最短路径长度数组 dist[] 也是错的。

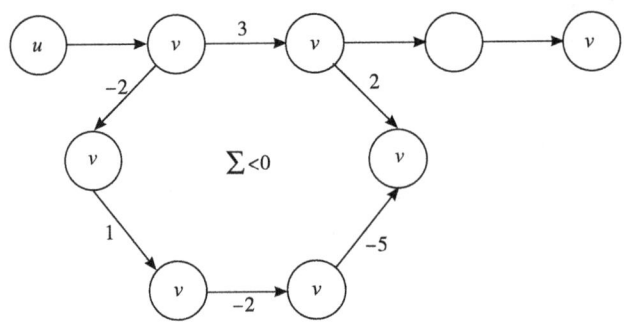

图 4-2 负权回路

4.2.2 A*算法

A*算法是一种常用的路径查找和图形遍历算法。该算法于1968年,由Stanford研究院的Peter E. Hart、Nils John Nilsson和Bertram Raphael发表。它被认为是Dijkstra算法的扩展。A*算法是一种启发式搜索算法,它利用启发信息寻找最优路径。A*算法需要在地图中搜索节点,并设定适合的启发函数进行指导。通过评价各个节点的代价值,获取下一个需要拓展的最佳节点,直至到达最终目标点位置,它结合了Dijkstra算法和启发式搜索的优点,具有较好的性能和准确度。

A*算法结合了贪心算法(深度优先)和Dijkstra算法(广度优先)的思想,是一种启发式搜索算法。A*算法使用路径优劣评价公式:$f(n)=g(n)+h(n)$对路径进行评估,$f(n)$指的是从初始状态经由状态n到目标状态的代价估计,$g(n)$是在状态空间中从初始状态到状态n的实际代价,$h(n)$是从状态n到目标状态的最佳路径的估计代价。同时A*算法还使用两个状态表,类似Dijkstra算法的U集合和S集合,分别称为openList表和closeList表。openList表包含待考察的节点的信息,closeList表包含已经考察过的节点的信息。

这种算法在规划路线时,虽然可能不是最短路径,但考虑了乘车人数等其他因素,最大程度地便利了乘客,同时提高了公交运营方的收益。其算法实现步骤如下。

1. 预处理

将地图栅格化,如图4-3所示,把每一个正方形格子的中央称为节点;确定栅格属性,即每一个格子有两种状态:可走和不可走(体现障碍物),定义两个列表集合:openList和closeList。最后确定起始节点和目标节点。

初始时,定义A为父节点,节点A离自身距离为0,路径完全确定,移入closeList中;父节点A周围共有8个节点,定义为子节点。将子节点放入openList中,成为待考察对象。若某个节点既未在openList中,也没在closeList中,则表明还未搜索到该节点。路径优劣判断依据是移动代价,单步移动代价采取Manhattan计算方式,即把横向和纵向移动一个节点的代价定义为10。斜向移动代价参考等腰三角形计算斜边的方式得出距离为14。

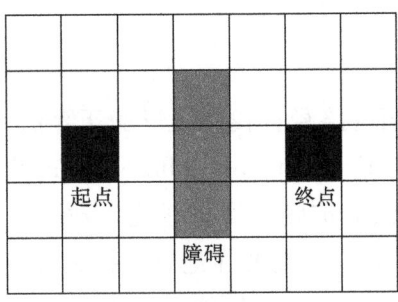

(a)基础栅格地图

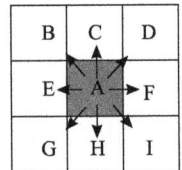

(b)节点A的子节点分布

图 4-3　栅格地图

2. 开始搜索

移动代价评价函数为: $f(n)=g(n)+h(n)$。以节点 I 为例,如图 4-4 所示。

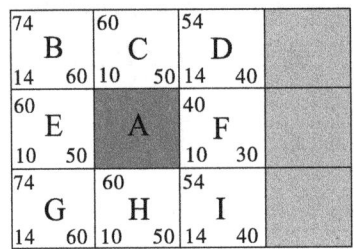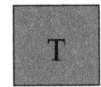

(a)节点I移动代价计算图　　　　　　　(b)目标节点T

图 4-4　节点 I 示例

首先考察实际代价 g,由于从 A 到该格子是斜向移动,单步移动距离为 14,故 $g=14$。再考察估计代价 h。计算只做横向或纵向移动的累计代价:横向向右移动 3 步,纵向向上移动 1 步,总共 4 步,故 $h=40$。因此从 A 节点移动至 I 节点的总移动代价为: $f=54$。以此类推,分别计算当前 openList 中余下的 7 个子节点的移动代价,挑选最小代价节点 F,移到 closeList 中。现在 openList ={B, C, D, E, G, H, I},closeList={A, F}。

3. 继续搜索

从 openList 中选择 f 值最小的节点(方格)取出,放到 closeList 中,并把它作为新的父节点检查所有与它相邻的子节点,忽略障碍物不可走节点,忽略已经存在于 closeList 的节点,如果方格不在 openList 中,则把它们加入 openList 中。

如果某个相邻的节点已经在 openList 中,则检查这条路径是否更优,即经由当前节点(我们选中的节点)到达相邻节点是否具有更小的 g 值。如果没有,则不做任何操作。以此类推,不断重复。一旦搜索到目标节点 T,便完成路径搜索,并结束算法。

A* 算法的优点是对环境反应迅速,搜索路径直接,是一种直接的搜索算法,因此被广泛应用于路径规划问题。

A* 算法的缺点是实时性差,每个节点计算量大、运算时间长,而且随着节点数的增多,算法搜索效率降低,而且 A* 算法并没有完全遍历所有可行解,所得到的结果不一定是最优解。

A* 算法的时间复杂度主要取决于扩展节点的数量,为了避免过多的节点扩展,可以采用以下优化方法。

1)限制扩展节点的数量,如使用 IDA* 算法;
2)使用启发式函数,使得搜索过程更加高效;
3)采用优先级队列,加速节点的排序和查找。

4.2.3 D* 算法

D* 算法是 Dynamic A* 算法的简称,是一种适应于动态环境的启发式路径搜索算法,由卡耐基梅隆机器人中心的 Stentz 在 1994 年和 1995 年的两篇文章提出。同 A* 算法类似,D* 通过维护一个优先队列 openList 来对场景中的路径节点进行搜索。不同的是,D* 从目标点开始搜索,通过将目标点置于 openList 中来开始搜索,直到移动体当前位置节点从 openList 出队为止。D* 算法分为两个阶段:第一阶段基于 Dijkstra、A* 算法从目标点往起点进行搜索,得到搜索区域节点距离目标点最短路径的信息;第二阶段是动态避障搜索阶段。因此 D* 算法主要分为两个部分,第一部分是 Process state,主要用于处理节点信息;第二部分是 Modify cost,主要用于修正那些受障碍物影响而导致代价值发生变化的节点信息。

D* 算法的优点是在动态环境中寻路非常有效,在向目标点移动过程中,只检查最短路径上下一节点或临近节点的变化情况,执行任务过程中,可能会遇到动态障碍物。D* 算法采用增量式计算,可以在运行过程中不断更新路径规划,提高算法的实时性。D*算法能够在中途感知到动态障碍物时,重新规划路径,避开障碍物,并继续完成任务。D*算法能够提前将地图信息计算并存储,所以在实时更新环境中有较好的表现。D*算法具有较好的适应性,可以在局部范围内应对动态障碍物的出现。在实际应用中,D*算法可以用于机器人的全局路径规划,即在较大范围内规划出一条最优路径。当机器人进入局部区域时,D*算法可以根据当前环境信息重新规划局部路径,以适应环境变化。

D*算法的缺点是对于距离较远的最短路径上发生的变化,计算复杂度高且计算精确度差。D*算法的计算复杂度较高,尤其是对于大规模场景,可能导致计算速度较慢。D*算法需要提前计算并存储地图信息,因此会占用较多的内存资源。D*算法的效果受地图精度的影响较大,当地图精度较低时,算法的性能可能会受到影响。

D*算法的实现如下。

如图 4-5 所示,每一个节点的标识分为三类:还未被遍历到的节点为 new,已经在 openList 中的为 open、曾经在 open 表但现在已经被移除的为 closed。每个节点到目标点 G 的代价为 h(这里参考了 A*算法的符号命名);两个节点 X 与 Y 之间的代价为 C(XY);X 节点到终点的代价 h=X 的父节点 Y 到终点的代价+X 和 Y 之间的代价,即:$h(X)=h(Y)+C(XY)$;节点 X 在不断遍历过程中,与目标点的代价 h 会增大或减小,设 k 表示始终保持变化的 h 的最小值。即对于标识为 new 的点,表明还未遍历到,$k=h=\inf$(无穷大);对于标识为 open 或 closed 的点,$k=\min(f_k, h_{new})$。节点 X 根据 k 与 h 的大小还有两种状态:若 h=k,则记为 Lower 态;若 h>k,则记为 Raise 态,表明有更优的路径。由于 A* 和 D* 的路径搜索方向相反,为避免混淆不同算法所定义的父节点、子节点概念,本书统一将离搜索起点更近的节点作为父节点。

步骤 1:在 openList 中找到 k 值最小的节点 X 及对应的 kold 值,并将其从 openList 移除。

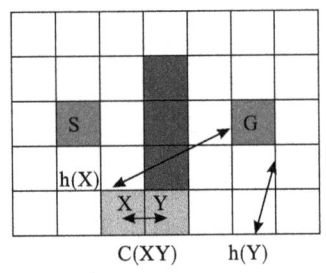

图 4-5 D*算法的实现

步骤2:判断kold是否小于Nodes(X).h,若是,则表明节点X已经受到障碍的影响,那么就遍历X的邻节点考虑是否能够以某个邻节点作为父节点,使Nodes(X).h变小。执行上述步骤只是表明Nodes(X).h可以减小,但与kold谁大谁小尚未可知,需要继续进行判断。

1)若kold=Nodes(X).h,则表明节点X处于Lower态,则当前处于第一遍遍历的阶段,或者该节点X并没有受到障碍影响,这种情况下X无须判断,但需判断邻节点Y是否有必要以X作为父节点。若邻节点Y还未纳入openList,那么就以X作为父节点;若Y的父节点是X,但是Nodes(Y).h却与Nodes(X).h+C(XY)不相等,则表明父节点Nodes(X).h有过更新,可能是由于障碍引起的;若Y的父节点不是X,但是如果让X成为其父节点,将拥有更小的Nodes(Y).h值。上述三种情况,都应该将X作为Y的父节点,并把Y移到openList后,再进一步考察。

2)若kold!=Nodes(X).h,则表明节点X处于Raise态,说明节点X受到了影响,还未恢复为Lower态,接下来遍历其邻域。

(1)若邻节点Y还未纳入openList或Y的父节点是X,但Nodes(Y).h不等于Nodes(X).h+C(XY),则将X作为Y的父节点,并更新Y的h值和k值。

(2)若Y的父节点不是X,但是让X成为其父节点将拥有更小的Nodes(Y).h值,表明Y可以通过将X作为父节点,使Nodes(Y).h更小。但是X自身还是Raise态,因此要先将X追加到openList,待下一次循环满足条件再将X作为Y的父节点。

(3)若同时满足下列四个条件:Y的父节点不是X;让Y成为X父节点,Nodes(X).h更小;Y已经从openList表中移除;当前从openList取出的最小值kold比h(Y)小。则表明已经被openList表移除的Y受到了障碍影响导致h值升高,故要重新将Y置于openList中,进行下一轮考察。

步骤3:返回X、kold,及被修改的openList信息。

4.2.4 快速搜索随机树(RRT)

快速搜索随机树(Rapidly-exploring Random Tree,RRT)算法是一种在完全已知的环境中通过随机采样扩展搜索的算法。RRT算法是概率完备的,这意味着如果规划时间足够长,且确实存在一条可行的最优路径,RRT是可以找出这条路径的。RRT的主要特点是通过在环境中随机采样,以快速有效地搜索高维空间。但这里存在限制条件,如果规划时间不够长,迭代次数较少,则有可能无法找出实际存在的路径。

如图 4-6 所示,RRT 算法的基本思想是以一个初始点作为根节点,通过随机采样增加叶子节点的方式,生成一个随机扩展树。在每次迭代中,RRT 会选择一个随机状态点作为扩展点,然后检查该点是否满足终止条件,如到达目标点或超出规划空间范围。如果不满足终止条件,RRT 会将扩展点连接到当前树中,并继续扩展。

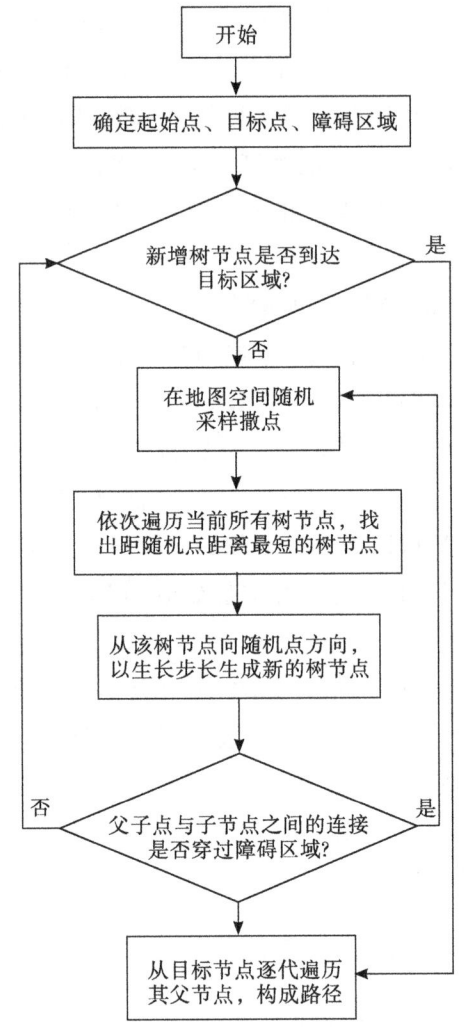

图 4-6　RRT 算法流程图

RRT 算法的优点:RRT 算法适用于多维空间,可以快速有效地搜索高维空间,从而实现对目标点的路径规划。RRT 算法的原理简单,无须预知环境,也可完成对复杂环境的路径规划。RRT 算法具有较高的搜索速度,能够在短时间内找到可行的路径。RRT 算法可以很好地解决有非完整微分约束的路径规划问题。

RRT 算法的缺点：RRT 算法由于随机性较强，可能导致算法的效率不够高，规划的路径不是最优。当环境中含有大量障碍物或狭窄通道约束时，算法具有收敛速度会变慢，效率会大幅下降。由于 RRT 算法具有随机性，路径规划结果可能不是最优的，因此对路径进行优化具有一定的难度。

4.3 基本局部路径规划算法

4.3.1 动态窗口法(DWA)

DWA 算法全称为 Dynamic Window Approach，已经在机器人操作系统(Robot Operating System，ROS)中实现。DWA 算法第一次被提出是在 1997 年，出自 *IEEE Robotics and Automation Magazines*。对于无法预测的障碍物，DWA 算法可以较好地解决。DWA 是一种常用于机器人运动控制和路径规划的方法，它通过计算机器人在当前时刻的期望速度和加速度，以及预测机器人在未来一段时间内的运动状态，来确定机器人的下一步动作。该方法通过使用某个时刻前后采样的几个速度值计算当前时刻的期望加速度值，把选取的速度值定义为一个窗口，动态计算加速度值，因此被称为动态窗口法。

对于轨迹的评价函数主要包括三个方面：与目标的接近程度；移动体前进的速度；与下一个障碍物的距离。简而言之就是在局部规划出一条路径，希望与目标越来越近，且速度较快，与障碍物尽可能远。评价函数权衡以上三个部分得到一条最优路径。动态窗口法与 ROS 默认局部路径规划算法轨迹规划器(TrajectoryPlanner)类似，不同之处在于对移动体控制空间的采样：在给定移动体的加速度极限的情况下，TrajectoryPlanner 在整个前向模拟周期内从可实现的速度集合中进行采样，而 DWA 在给定移动体的加速度极限的情况下仅针对一个模拟步骤从可实现的速度集合中进行采样。在实际使用过程中，TrajectoryPlanner 和 DWA 算法效果类似，但是 DWA 算法更加高效，占用内存更少，所以在这两种算法之间一般直接选择 DWA。

DWA 算法的优点：DWA 考虑到速度和加速度的限制，只考虑安全的轨迹，且每次采样的时间较短，因此计算得到的轨迹空间较小，计算复杂度较低。DWA 算法适用于实时路径规划，因为它在短时间内进行多次采样，能够快速地找到安全的行驶轨迹。DWA结合了机器人的动力学特性，能够在动态环境中找到合适的速度和加速度，从而提高路径规划的准确性。DWA算法在规划路径时会避开碰撞风险区域，确保机器人行驶的安全性。

DWA算法的缺点：DWA算法对初始速度和加速度的设定较为敏感，不同的初始值可能会导致规划结果差异较大。DWA算法主要适用于二维空间，对于三维空间的路径规划，其效果可能会受到一定影响。虽然DWA的整体计算复杂度较低，但在实际应用中，由于需要对多个速度方向进行评估，计算量仍然较大。在环境复杂、障碍物较多的情况下，DWA算法可能会出现轨迹中断或无法找到合适轨迹的问题。

1. 原理：同步传动机器人运动学方程

为了使运动学方程更加接近实际，将模型的速度设为随时间变化的分段函数，在该假设下，机器人轨迹可看作由许多的圆弧积分组成，采用该方法使得障碍物碰撞检测很方便，因为圆弧与障碍物的交点很容易计算。

令 $x(t), y(t), \theta(t)$ 分别表示机器人在 t 时刻的 x 坐标、y 坐标以及朝向角，$x(t_0)$ 和 $x(t_n)$ 分别表示机器人在 t_0 和 t_n 时刻的 x 坐标，令 $v(t)$ 表示机器人的平移速度。

$$x(t_n) = x(t_0) + \int_{t_0}^{t_n} v(t) \times \cos \theta(t) \mathrm{d}t \tag{4-1}$$

$$y(t_n) = y(t_n) + \int_{t_0}^{t_n} v(t) \times \sin \theta(t) \mathrm{d}t \tag{4-2}$$

等式(4-1)和等式(4-2)取决于机器人的速度，但机器人速度不能直接设定。机器人速度 $v(t)$ 取决于初始时刻 t_0 的速度以及时间 t_0 和机器人在时间间隔 $\hat{t} \in [t_0, t]$ 的平移加速度 $\dot{v}(\hat{t})$。同样的，$\theta(t)$ 是初始转向角 $\theta(t_0)$ 的函数，设 t_0 时刻的初始旋转速度为 $w(t_0)$，$\hat{t} \in [t_0, t]$ 的旋转加速度为 $\dot{w}(\hat{t})$，则式(4-1)可写为：

$$\begin{aligned} x(t_n) = & x(t_0) + \int_{t_0}^{t_n} \left(v(t_0) + \int_{t_0}^{t} \dot{v}(\hat{t}) \mathrm{d}\hat{t} \right) \times \\ & \cos \left(\theta(t_0) + \int_{t_0}^{t} \left(w(t_0) + \int_{t_0}^{\hat{t}} \dot{w}(\tilde{t}) \mathrm{d}\tilde{t} \right) \mathrm{d}t \right) \mathrm{d}t \end{aligned} \tag{4-3}$$

此时机器人的轨迹由初始时刻的状态以及加速度决定，可以认为这些状态是可控的，同时由于机器人内部结构原因，其加速度也不是一直变化的(类似于连续函数)，因此可以将 t_0 到 t_n 视为很多个时间片，积分可以转换为求和，假设有 n 个时间片，在每个时间片 $[t_i, t_{i+1}]$，机器人的加速度 v_i 和 w_i 保持不变，设 $\Delta t_i = t - t_i$ 则式(4-3)可以转化为：

$$x(t_n) = x(t_0) + \sum_{i=0}^{n-1} \int_{t_i}^{t_{i+1}} \left(v(t_i) + v_i \times \Delta_t^i \right) \times \cos\left(\theta(t_i) + w(t_i) \times \Delta_t^i \right.$$
$$\left. + \frac{1}{2} w_i \times (\Delta_t^i)^2 \right) dt \tag{4-4}$$

等式(4-4)虽然与机器人的动力控制相关,但是不能决定机器人具体的驾驶方向,对于障碍物与机器人轨迹的交点也很难求出,需要继续对公式进行简化。由于时间间隔都很小,因此可以假设在每一个时间片内速度保持不变,则 $v(t_i) + v_i \times \Delta_t^i$ 可近似为 $v_i \in [v(t_i), v(t_{i+1})]$,同理,$\theta(t_i) + w(t_i) \times \Delta t_i + 1/2 w_i \times (\Delta t_i)^2$ 可以近似表示为 $\theta(t_i) + w(t_i) \times \Delta_t^i$,其中 $w_i \in [w(t_i), w(t_{i+1})]$,则式(4-4)可写为:

$$x(t_n) = x(t_0) + \sum_{i=0}^{n-1} \int_{t_i}^{t_{i+1}} v_i \times \cos(\theta(t_i)) + w_i \times (\hat{t} - t_i) d\hat{t} \tag{4-5}$$

解这个积分方程,简化为:

$$x(t_n) = x(t_0) + \sum_{i=0}^{n-1} F_x^i(t_i) \tag{4-6}$$

$$F_x^i(t_i) \begin{cases} \dfrac{v_i}{w_i}(\sin\theta(t_i) - \sin(\theta(t_i) + w_i \times (t - t_i))), w_i \neq 0 \\ v_i \cos(\theta(t_i)) \times t, w_i = 0 \end{cases} \tag{4-7}$$

$$F_y^i(t_i) = \begin{cases} -\dfrac{v_i}{w_i}(\cos\theta(t_i) - \cos(\theta(t_i) + w_i \times (t - t_i))), w_i \neq 0 \\ v_i \sin(\theta(t_i)) \times t, w_i = 0 \end{cases} \tag{4-8}$$

当 $w_i = 0$ 时,机器人行走轨迹为一条直线,当 $w_i \neq 0$ 时,机器人行走轨迹为圆弧,设

$$M_x^i = -\frac{v_i}{w_i} \times \sin\theta(t_i) \tag{4-9}$$

$$M_y^i = -\frac{v_i}{w_i} \times \cos\theta(t_i) \tag{4-10}$$

则有:

$$(F_x^i - M_x^i)^2 + (F_y^i - M_y^i)^2 = \left(\frac{v_i}{w_i}\right)^2 \tag{4-11}$$

根据上述公式可以求出机器人的行走轨迹,即通过一系列分段的圆弧和直线来拟合轨迹。

动态窗口法在速度空间中进行速度采样,并对随机采样的速度进行限制,减小采样数目,再使用代价函数进行评价。

进行速度空间降采样的依据如下。

①圆弧轨迹：动态窗口法仅仅考虑圆弧轨迹，该轨迹由采样速度(v,w)决定，这些速度构成一个速度搜索空间。

②允许速度：如果机器人能够在碰到最近的障碍物之前停止，则该采样速度将被评估。

③动态窗口：由于机器人加速度的限制，因此只有在加速时间内能达到的速度才会被保留。

2. 求最优值

$$G(v,w) = \sigma(\alpha \times heading(v,w) + \beta \times dist(v,w) + \gamma \times vel(v,w)) \quad (4\text{-}12)$$

最大值即使最优值最大。

1）目标方向（Target heading）：$heading$ 用于评价机器人与目标位置的夹角，当机器人朝着目标前进时，该值取最大。

2）间隙（Clearance）：$dist$ 用于表示与机器人轨迹相交的最近的障碍物距离。

3）速度（Velocity）：vel 表示机器人的前向移动速度，支持快速移动。

其中 σ 使得三个部分的权重更加平滑，以确保轨迹与障碍物之间保持一定的间隙。

根据移动机器人的硬件条件和环境限制，以及移动机器人速度存在的边界限制，此时可采样的速度空间 V_s 为：

$$V_s = \{(v,\omega) \mid v \in [v_{\min}, v_{\max}], \omega \in [\omega_{\min}, \omega_{\max}]\} \quad (4\text{-}13)$$

式中 $v_{\min}$、$v_{\max}$ 分别为移动机器人的最小线速度和最大线速度，$\omega_{\min}$、$\omega_{\max}$ 分别为移动机器人的最小角速度和最大角速度。

安全的速度是指机器人能够在撞到障碍物之前停下，$dist(v,w)$ 为机器人轨迹上与障碍物的最近距离，设刹车时的加速度为 v_b 和 w_b，则 V_a 为机器人不与障碍物碰撞的速度集合：

$$V_a = \left\{(v,w) \mid v \leqslant \sqrt{2 \times dist(v,w) \times v_b} \cap w \leqslant \sqrt{2 \times dist(v,w) \times w_b}\right\} \quad (4\text{-}14)$$

考虑到机器人的动力加速度，搜索空间将采样到动态窗口，只保留以当前加速度可到达的速度，设 t 为时间间隔，(V_a, W_a) 为实际速度，则动态窗口的速度集合 V_d 为：

$$V_d = \{v,w \mid v \in [v_a - v \times t, v_a + v \times t] \cap w \in [w_a - w \times t, w_a + w \times t]\} \quad (4\text{-}15)$$

该集合以外的速度都不能在该时间间隔内达到。综上,最终的搜索空间为:

$$V_r = V_s \cap V_a \cap V_d \qquad (4-16)$$

4.3.2 时间弹性带(TEB)

时间弹性带(TEB)的英文全称是 Time Elastic Band,Elastic Band(橡皮筋)的定义是:连接起始、目标点,并让这个路径可以变形,变形的条件就是将所有约束当作橡皮筋的外力。Time Elastic Band 的意思是,起始点、目标点状态由用户或全局规划器指定,中间插入 N 个控制橡皮筋形状的控制点(移动体姿态),当然,为了显示轨迹的运动学信息,我们在点与点之间定义运动时间 Time,即为 Timed-Elastic-Band 算法。通过此方法可以把问题描述为一个多目标优化问题,通过构建超图(Hypergraph),使用 G2O 框架中的图优化来求解。简而言之,TEB 算法是一种基于轨迹扩展的机器人路径规划算法,主要用于解决机器人局部路径规划问题,它将机器人运动轨迹视为由一系列连续的轨迹段组成,并通过优化算法对这些轨迹段进行优化,使得机器人能够在复杂环境中顺利行驶。EB 算法的基本思路是将起始点和目标点通过一系列轨迹段连接起来,这些轨迹段可以变形,变形的条件是将所有约束视为橡皮筋的外力。在这个过程中,TEB 算法通过设计代价函数(损失函数)来衡量轨迹的质量,并寻求最小代价值,从而得到最优的轨迹规划结果。

TEB 算法在轨迹优化过程中,拥有多种优化目标,包括但不限于以下几种。

整体路径长度:优化轨迹段的长度,使得整体路径长度最短。

轨迹运行时间:优化轨迹段的速度和加速度,使得机器人能够以最短的时间到达目标点;与障碍物的距离:确保机器人行驶过程中与障碍物保持一定的距离,避免碰撞;通过中间路径点:确保机器人能够在轨迹规划过程中顺利通过预设的路径点;机器人动力学、运动学约束:考虑机器人的动力学和运动学限制,确保轨迹的可行性。

TEB 算法通过避障约束来实现在复杂环境中的避障。避障约束将障碍物与机器人之间的距离保持在一定范围内,以确保机器人行驶的安全性。在 TEB 算法中,避障是整体轨迹优化的一部分,通过调整轨迹段的位置和速度来实现避障目标。同时,TEB 算法还通过调整罚款条款(Penalty terms)来惩罚与障碍物距离过近的轨迹段,从而提高整体轨迹的质量。

TEB 算法的性能受到多个参数的影响,如时间间隔、代价函数权重、避障约束等。这些参数可以通过实验和调整来优化算法性能。在实际应用中,可以根据不同的场景和需求,对这些参数进行适当的调整。

TEB算法的优点:TEB算法能够对未来一段时间内的机器人行走轨迹进行预测,从而使机器人能够更好地适应环境,提高行走效果。TEB算法能够在运行过程中实时检测周围环境,对潜在的障碍物进行避让,提高机器人行走的安全性。在实际应用中,TEB算法相较于其他路径规划算法,如DWA和轨迹回滚(Trajectory Rollout),具有更好的性能表现。

TEB算法的缺点:TEB算法的计算复杂度较高,尤其是在处理多障碍物和复杂环境时,计算量会显著增加。这也是TEB算法采用g2o(General Graph Optimization,通用图优化)算法优化计算量的原因。由于TEB算法的计算复杂度较高,因此对计算资源的需求也相对较大,可能导致处理速度较慢,不适合对实时性要求较高的场景。此外,TEB算法需要针对不同的应用场景进行相应的参数调整,以达到最佳性能,这可能增加了使用者的调试成本。

4.3.3 人工势场法

1986年Khatib首先提出人工势场法,并将其应用在机器人避障领域,而现代汽车可以视为高速行驶的机器人,所以该方法也可应用于汽车的避障路径规划领域。

人工势场法是一种经典的机器人路径规划算法。人工势场法的基本思想是在障碍物周围构建障碍物斥力势场,在目标点周围构建引力势场,类似于物理学中的电磁场。被控对象在这两种势场组成的复合场中受到斥力作用和引力作用,斥力和引力的合力指引着被控对象的运动,以搜索无碰的避障路径。更直观而言,势场法是将障碍物比作平原上具有高势能值的山峰,而目标点则是具有低势能值的低谷。

人工势场法的优点:人工势场法不仅可以作为一种路径规划方法,所构建的势场也构成了移动体的控制律,能够较好地适应目标的变化和环境中的动态障碍物,因此,它也可以作为实时避障算法。移动体是受人工势场影响的一个点,沿着势场方向就可以避开障碍物到达目标点。

人工势场法的缺点:由于其规划的路径是依据有限的局部环境信息,缺乏全局环境上的宏观自我调节能力,极易陷入局部最优;由于受力的不平衡是移动体移动的主要因素,其极易在非目标点处达到力平衡,从而产生目标不可达现象;在障碍物之间的狭窄空间里,极易陷入徘徊抖动等不稳定状态,产生震荡和死锁。人工势场法在实际应用中也有一些局限性。例如,在复杂环境中,计算人工势场函数可能会变得非常复杂,从而影响算法的性能和效率。此外,人工势场法对于动态系统的控制问题,如机器人控制,可能需要频繁更新势场函数,这也会增加计算负担。

人工势场法的工作步骤如下。

(1) 构建人工势场:目标点吸引势场,障碍物排斥势场。

$$U_{att}(x) = \begin{cases} K_a \mid x-x_d \mid^2 & \mid x-x_d \mid \leqslant d_a \\ K_a(2d_a \mid x-x_d \mid -d_a^2) & \mid x-x_d \mid > d_a \end{cases} \quad (4\text{-}17)$$

其中 K_a 为系数、x 为被评估点、x_d 为目标点、d_a 为距离阈值。

$$U_{rep}(x) = \begin{cases} \dfrac{1}{2}K_r\left(\dfrac{1}{\rho}-\dfrac{1}{\rho_0}\right)^2 & \rho \leqslant \rho_0 \\ 0 & \rho > \rho_0 \end{cases} \quad (4\text{-}18)$$

ρ 是被评估点和障碍物点之间的距离,ρ_0 是预定义距离阈值。

(2) 根据人工势场计算力:对势场求偏导。

$$F_{att}(x) = -\nabla U_{att}(x) = \begin{cases} -2K_a(x-x_d) & \mid x-x_d \mid \leqslant d_a \\ -2K_a d_a \dfrac{x-x_d}{\mid x-x_d \mid} & \mid x-x_d \mid > d_a \end{cases} \quad (4\text{-}19)$$

$$F_{rep}(x) = -\nabla U_{rep}(x) \begin{cases} K_r\left(\dfrac{1}{\rho}-\dfrac{1}{\rho_0}\right)\dfrac{1}{\rho^2}\dfrac{\partial \rho}{\partial x} & \rho \leqslant \rho_0 \\ 0 & \rho > \rho_0 \end{cases} \quad (4\text{-}20)$$

$$\frac{\partial \rho}{\partial x} = \left(\frac{\partial \rho}{\partial x} \quad \frac{\partial \rho}{\partial y}\right)^T = \frac{x-x_0}{\rho} \quad (4\text{-}21)$$

计算合力

$$\begin{aligned} F(x) &= -\nabla U(x) \\ &\quad -\nabla U_{att}(x) - \nabla U_{rep}(x) \\ &= F_{att}(x) + F_{rep}(x) \end{aligned} \quad (4\text{-}22)$$

所求的力的方向就是机器人运动的方向,力的大小则对应于机器人加速度的控制程度。

4.4 动态路径规划算法

动态路径规划是一种在起点和终点之间找到一条连续的运动轨迹的算法,旨在尽可能优化路径并避开环境中的障碍物,用于在机器人和其他智能体在复杂环境中自主导航时,找到一条最优的路径。动态规划(Dynamic Programming,DP)是一种在数学、计算机科学和经济学中使用的,通过把原问题分解为相对简单的子问题的方式求解复杂问题的方法,主要依赖于动态规划这一数学方法,它能够解决多阶段决策过程的最优化问题。动态规划常常适用于有重叠子问题和最优子结构性质的问题,该算法所耗时间往往远少于朴素解法。动态规划算法的基本思想是:若要解一个给定问题,我们首先需要解其不同部分(即子问题),再合并子问题的解以得出原问题的解。通常许多子问题非常相似,为此动态规划法试图只解决每个子问题一次,从而减少计算量,一旦某个给定子问题的解已经算出,则将其记忆化存储,以便下次需要同一个子问题之解时直接查表。这种做法在重复子问题的数目随输入的规模呈指数增长时特别有效。关于动态规划最经典的问题当属背包问题。将动态规划与路径规划结合起来,能够实时调整路径,应对现实情况下多变的环境。

以区域分割为指标的动态路径规划与静态路径规划相比具有一定的优势。静态路径规划是在已知的静态环境中,规划一条从起点至终点的路径。一旦在规划好的路径途中出现了未知障碍物,则放弃已规划好的路径,从起点重新规划,这样不仅浪费时间,而且浪费资源。

动态路径规划有效应用于在未知环境中规划一条从起点至终点的路径,如果规划好的路径中出现未知障碍,不必从起点重新规划,而是在障碍点处重新规划,避过障碍物后回到原来路径。通常动态路径规划是基于静态路径规划的局部路径规划,即先进行静态路径规划,移动体沿着静态路径行驶,若途中遇到障碍物,则在障碍物的两端重新进行规划,绕过障碍物回到原始路径中。动态路径规划的效率高,但可能会出现不必要路径变长的情况。常见的静态路径规划有 A^* 算法、Dijkstra 算法等,常见的动态路径规划算法有 D^* 算法等。以上几种方法在前文均有介绍。

与全局路径规划一样,动态路径规划分为地图建模、环境感知、路径搜索、路径评估、路径优化、路径执行六个流程。

1)地图建模:将环境抽象为一个二维或三维的地图,初步形成的地图中包括起点、目标点和可能的障碍物的位置信息。

2)环境感知:通过各种传感器获取环境信息,如地形高度、障碍物形状和具体位置等,同时根据这些信息对地图进行更新,得到一个信息完善的地图。

3)路径搜索:基于完善的地图,使用适当的搜索算法来搜索从起点到目标点的路径。

4)路径评估:路径搜索生成的路径往往不能满足实际运行的需要,需要根据任务情景的需求确定约束条件或优化目标,进而对搜索到的路径进行评估。约束条件是指避开障碍物、最大转弯角度、最大上坡坡度等硬性要求,优化目标是指最短路径、最小消耗、最少转弯次数等软性要求。

5)路径优化:根据评估结果,采取有效的方法对路径进行优化,例如通过平滑路径控制转弯角度、通过更改路线避免不必要的转弯等。

6)路径执行:将优化后的路径转化为移动体的控制指令,使其按照路径规划结果进行移动。

4.4.1 地图建模

环境建模是实现移动体动态路径规划的前提和基础,是对移动体所在环境的有效描述。动态路径规划中的地图建模是一种重要的技术,主要用于在给定环境中为机器人或自主车辆找到一条安全、有效的路径。地图建模的核心目标是将环境信息转化为计算机可以处理的数据结构,以便进行路径规划算法的设计和实现。环境建模的关键是将移动物体所在的实际环境通过一定的策略转化成适合进行路径规划的数学模型。环境地图构建是指对移动体所处环境中的各种物体,包括障碍、路标等的准确空间位置进行描述,即建立空间模型或地图。构建环境地图的目的在于帮助移动体在建立好的含障碍的环境模型中规划出一条从起点到目标点的最优路径。

环境模型主要有栅格分解图、四叉分解图、可视图、沃罗诺伊图(Voronoi图)等。

1. 栅格分解图

栅格分解图是将移动物体所在的环境分割成规则且均匀的栅格,每个栅格只可能有两种状态,即占据或自由,分别对应占据栅格和自由栅格,都用固定的1或0来表示。栅格的尺寸通常与移动体的尺寸和步长一致。

2. 四叉分解图

四叉分解图由均匀栅格分解图发展而来。在四叉树方法中,每棵树由四个节点树组成,每个节点树用黑、白、灰三种颜色表示。如果某一节点树由单一的黑色或白色组成,则该节点树用该颜色标记,如果某一节点树由灰色组成,则将该节点树重新分成四个子节点树,并同前面的方法一样进行颜色标记。这样一直继续下去,直到节点树由单一的黑色或白色组成为止。

3. 可视图

栅格分解图及四叉分解图主要有两个缺点：第一，地图的尺寸随着环境规模的增大而增大，第二，基准栅格的大小不好掌握，即地图分辨率难以把握。

可视图建模方法需要对环境中不同障碍物的各顶点进行可视化判断。两点之间是可视的，要求这两点之间的连线均不能穿过多边形不规则障碍物内部。将相互可视的两点进行连线并赋予权值，则可视的两点间的连线组成可视边集合，可视边和各顶点组成可视图。可视图建模方法的优点在于实现比较简单，当把环境中的障碍物描述成多边形时，基于可视图的路径规划可以比较容易地使用障碍物的多边形描述来进行搜索，因此，移动体路径规划的任务就是沿着可视图定义的路径寻找从移动体起点到目标点的最短路径。

但是可视图建模方法存在如下缺点：当环境中障碍物的顶点数量过多时，可视图的建模过程也会十分缓慢，同时，当障碍物的顶点数量过多时，顶点之间形成的可视边的数量也会过多，即路径规划算法中需要考虑的候选路径的数量过多，会导致路径寻优的过程缓慢。

4. Voronoi 图

在构建 Voronoi 图的过程中，需要将多边形不规则障碍物的各顶点看成 n 个点的集合，到顶点集合中某点的距离比到集合中所有其他点的距离都短的点所组成的轨迹称为 Voronoi 图的边，各条轨迹相交的点称为 Voronoi 图的顶点。基于 Voronoi 图的环境模型有一个缺点，即移动体与障碍物间的距离通常大于最短路径，导致执行路径规划算法后，所选的路径质量通常较差。

在对地图进行建模之后的动态路径规划过程中，地图建模需要不断地更新和优化。这主要是因为环境是不断变化的，如障碍物的出现、消失或移动等。地图更新主要包括两个方面：一是更新地图中的障碍物信息；二是更新地图中的空白区域信息。地图优化的主要目的是提高路径规划算法的性能，如减少计算复杂度、提高规划速度等。

动态路径规划中的地图建模是一个关键的技术环节，它涉及环境信息的处理、地图表示方法的选择、地图更新与优化以及路径规划算法的应用。根据不同的应用需求和场景特点，选择合适的地图建模方法和技术，可以有效地提高路径规划的性能和可靠性。

4.4.2 环境感知

1. 环境感知及其主要任务

环境感知是动态路径规划的基础,它通过各种传感器和算法来获取和处理周围的环境信息。环境感知主要包括三个方面,周围环境、静态物体和动态物体。对于动态物体,不仅要检测还要对其轨迹进行追踪,并根据追踪结果,预测该物体下一步的轨迹(位置)。环境感知最典型的场景就是北京五道口:如果你见到行人就停,那你就永远无法通过五道口,行人几乎是从不停歇地从车前走过。人类驾驶员会根据行人的移动轨迹大概评估其下一步的位置,然后根据车速,计算出安全空间(路径规划),公交司机最擅长此道。无人系统同样要能做到。要注意这是对于多个移动物体的轨迹的追踪与预测,难度比单一物体要高得多。

环境感知的主要任务包括:感知周围环境中的障碍物,通过传感器(如雷达、激光雷达、摄像头等)收集数据,识别并定位周边的障碍物,如其他车辆、行人、交通标志等,并判断其位置、形状、大小等特征,为后续路径规划提供数据支持;实时监测动态环境,通过对环境中的动态对象进行追踪和预测,了解它们的行为和轨迹,以便提前做好相应的规划,评估运动可行性,根据实时获取的环境信息,判断车辆在当前状态下能否执行指定的行驶动作,如转向、加速、减速等。

感知系统里包括环境感知和定位两个任务。环境感知负责检测各种移动和静止的障碍物(比如车辆、行人、建筑物等),以及收集道路上的各种信息,这里需要用到的主要是各种传感器。定位则根据环境感知得到的信息来确定障碍物在环境中所处的位置,这里需要尽可能高精度的地图,以及惯性导航(IMU)等的辅助。

2. 环境感知常用传感器

不同的传感器具有不同的特性,各自都有优缺点,因此也适用于不同的任务。常用的传感器有光学传感器、惯性检测单元等。

光学传感器:如视频摄像头,这种传感器在水下能见度良好的环境中特别有效。它们提供视觉数据,有助于识别海底特征、生物和人造结构。然而,光学传感器在深水或浑浊水域中的效果受限。

惯性测量单元(Inertial Measurement Unit, IMU):IMU 通常结合加速度计和陀螺仪,提供移动体的加速度、角速度和方向信息。IMU 能够在没有外部参考点的情况下,帮助移动体保持正确的航向和姿态。

在不同环境下运行的传感器设备还有声呐传感器、温度传感器和压力传感器等。

声呐传感器：它使用声波来检测和定位水下物体，同时绘制水下地形图。声呐可分为多种类型，如侧扫声呐、多波束声呐和合成孔径声呐，各自适用于不同的探测和地图制作任务。

温度传感器：温度传感器对于监测水温变化非常重要，这对于理解水下环境条件以及调整移动体的浮力和动力系统至关重要。

压力传感器：这些传感器用于测量水压，从而计算移动体的深度。深度信息对于维持移动体在特定水平面上的稳定运行以及避免撞击海底或水面至关重要。

3. 环境感知信息处理

传感器收集到的信息需要进一步处理，包括信号处理、滤波、模式识别等。随着深度学习的发展，人们开始采用诸如支持向量机（Support Vector Machine，SVM）、Boosting、最近邻等分类器。这些分类器可以用具有一个或两个隐含层的神经网络来模拟，因此被称作浅层机器学习模型，具有针对不同的任务设计不同的系统，并采用不同的手工设计的特征。例如语音识别采用高斯混合模型（Gaussian Mixture Model，GMM）和隐马尔可夫模型（Hidden Markov Model，HMM），物体识别采用尺度不变特征变换（Scale-Invariant Feature Transform，SIFT），人脸识别采用局部二值模式（Local Binary Patterns，LBP），行人检测采用方向梯度直方图（Histogram of Oriented Gradients，HOG）。

同时，得益于电脑游戏爱好者对性能的追求，图形处理器（Graphics Processing Unit，GPU）性能飞速增长。人们在互联网可以很容易地获得海量训练数据。深度学习与传统模式识别方法的最大不同在于它是从大数据中自动学习特征，而非采用手工设计的特征。好的特征可以极大提高模式识别系统的性能。在过去几十年模式识别的各种应用中，手工设计的特征处于统治地位。它主要依靠设计者的先验知识，很难利用大数据的优势。由于依赖手工调参数，特征的设计中只允许出现少量的参数。深度学习可以从大数据中自动学习特征的表示，其中可以包含成千上万的参数。依靠手工设计出有效的特征是一个相当漫长的过程。回顾计算机视觉发展的历史，往往需要五到十年才能出现一个受到广泛认可的好的特征。而深度学习可以针对新的应用从训练数据中快速学习并得到新的有效的特征表示。

模式识别包括特征表示和分类器两个主要的组成部分,二者关系密切,在神经网络的框架下,特征表示和分类器是联合优化的,两者密不可分。深度学习的检测和识别是一体的,很难割裂,从一开始训练数据即是如此,语义级标注是训练数据的最明显特征。绝对的非监督深度学习是不存在的,即便弱监督深度学习都是很少的。因此视觉识别和检测障碍物很难做到实时。而激光雷达云点则擅长探测,检测障碍物3D轮廓,且算法相对深度学习要简单得多,很容易做到实时。激光雷达拥有强度扫描成像,换句话说激光雷达可以知道障碍物的密度,因此可以轻易分辨出草地、树木、建筑物、树叶、树干、路灯、混凝土、车辆。这种语义识别非常简单,只需要根据强度频谱图即可。而对视觉系统来说要准确地识别这些物体,非常耗时且可靠性不高。

　　目前,主流的视觉深度学习最致命的缺点是对视频分析能力极弱,而移动体面对的是视频,不是静态图像。视频分析是激光雷达的特长。视觉深度学习在视频分析上处于起步阶段,描述视频的静态图像特征,可以采用从 ImageNet 上学习得到的深度模型,而难点是如何描述动态特征。以往的视觉方法对动态特征的描述往往依赖于光流估计、关键点的跟踪和动态纹理。如何将这些信息体现在深度模型中是个难点。最直接的做法是将视频视为三维图像,直接应用卷积神经网络,在每一层学习三维滤波器。但是这一思路显然没有考虑到时间维和空间维的差异性。另外一种简单但更加有效的思路是通过预处理计算光流场,作为卷积神经网络的一个输入通道。也有研究利用深度编码器(Deep Autoencoder)以非线性的方式提取动态纹理,而传统的方法大多采用线性动态系统建模。

　　光流只计算相邻两帧的运动情况,时间信息也表述不充分。双流法(Two-Stream)只能算是过渡方法。目前用卷积神经网络(Convolutional Neural Network,CNN)处理空域,用循环神经网络(Recurrent Neural Network,RNN)处理时域已经成共识,尤其是长短期记忆网络(Long Short-Term Memory,LSTM)和门控循环单元(Gated Recurrent Unit,GRU)结构的引入。虽然RNN在动作识别上效果不彰,但某些单帧就可识别动作。除了这些大的结构之外,一些辅助的模型,如视觉硬注意力模型和视觉软注意力模型(Visual Hard/ Soft Attention Model),以及2016年国际学习表征大会(International Conference on Learning Representations2016,ICLR2016)上的压缩神经网络都会对未来的深度学习在视频处理方面产生影响。但遗憾的是,目前深度学习对视频分析的能力还逊色于手工特征提取。

将传感器收集得到的信息处理后与地图模型结合起来,完成对实际环境数据的集合,并辅以全球定位系统(Global Positioning System,GPS)等定位技术,对移动体的位置进行识别,就具备了路径规划的基础条件。

4.4.3　路径搜索、路径评估与路径优化

1. 路径搜索

路径搜索是在已知几何约束(障碍物、地图信息)的情况下,求解一条路径,也就是找到一条无碰撞的路径。路径搜索算法是动态路径规划中的第一步,其主要任务是在地图上寻找从起点到终点的可行路径。常见的路径搜索算法有Dijkstra算法、A*算法等。路径评估是在找到可行路径后,对路径进行评价和优化的过程。路径评估的主要目标是确定一条具有较低成本的路径。在实际应用中,路径搜索和路径评估是相辅相成的。搜索算法通常会生成多条可能的路径,而路径评估则帮助选择出最佳路径。例如,Dijkstra算法和A*算法在搜索过程中就会使用启发式评估函数来指导搜索方向,以提高搜索效率并尽可能找到最优路径。

2. 路径评估

常见的路径评估方法有以下四种。

1)成本函数。成本函数用于衡量路径的质量,常见的成本函数包括路径长度、时间成本等。在路径评估过程中,需要根据成本函数对路径进行排序,以便找到最优路径。例如,在自动驾驶车辆的路径规划中,成本函数可能会考虑从起点到终点的实际距离、预计的旅行时间、预计的燃料或电力消耗、路径上的风险因素,如交通状况、道路类型等。

成本函数可以是简单的,如只考虑距离的函数;也可以是复杂的,如同时考虑多个因素的加权函数。在路径搜索过程中,算法会尝试找到成本最低的路径,这通常意味着在满足所有其他约束条件的前提下,使得成本函数的值最小。

在地理信息系统(Geographic Information System,GIS)和空间分析中,成本函数也被用于基于成本栅格数据的空间路径分析,如美国环境系统研究所开发的综合性地理信息系统 ArcGIS 中的成本路径分析工具。这些工具允许用户定义成本栅格,其中每个像素的值代表通过该区域的成本。然后,算法会使用这些数据来找到成本最低的路径。

2)滚动窗口优化。利用滚动窗口优化进行路径评估是一种动态路径规划方法,它在移动机器人或自动驾驶车辆的导航中特别有用。这种方法不是一次

性规划出从起点到终点的完整路径,而是根据当前的环境信息,在一个限定的前瞻范围内(即滚动窗口)进行路径规划。随着机器人的移动,这个窗口会不断向前滚动,实时更新路径。

滚动窗口优化的关键优势在于它的适应性和灵活性。它可以快速响应环境的变化,如避开新出现的障碍物或调整路径以适应动态目标的移动。这种方法通常结合了启发式搜索和优化算法,如粒子群优化或改进的快速搜索随机树(RRT)算法,以在每个滚动窗口内找到近似最优的路径。

一些研究提出了结合滚动窗口策略和改进粒子群算法的路径规划方法。在这种方法中,移动机器人首先在局部环境中确定子目标位置,然后利用改进的粒子群算法进行路径优化。机器人到达子目标后,在新的局部环境中重新确定子目标位置,直到追踪到运动目标。这种方法通过计算机仿真验证了其合理性和有效性。利用滚动窗口优化进行路径评估能够为动态环境下的路径规划提供一种灵活且有效的解决方案。它允许系统在保持高效率的同时,对突发事件作出快速反应。

3) D^* Lite 算法。D^* Lite 算法是一种适合地图未知、环境随时变化情况的路径规划算法,由 Sven Koenig 和 Maxim Likhachev 在 2002 年提出,是 LPA^* 算法的改进版本,当遇到新增加的障碍物时,它可以根据先前搜索获得的信息进行路径更新,而不需要完全重新规划路径。

D^* Lite 算法的核心思想是利用已知的路径信息来动态更新路径。当环境发生变化,如障碍物移动或新障碍物出现时,算法能够快速调整已有的最优路径,而不需要从头开始重新计算整个路径。这使得 D^* Lite 算法尤其适合于在实时变化的环境中的导航。

D^* Lite 算法的工作原理是维护一个优先队列,其中包含了可能需要更新的节点。当环境发生变化时,算法会重新计算受影响节点的代价,并更新路径。D^* Lite 算法的优势在于其增量式的更新方式,它只更新那些必要的节点,而不是整个图,从而大大提高了路径规划的效率。

然而,D^* Lite 算法也有局限性。例如,如果环境变化过于频繁或变化范围过大,算法的性能可能会受到影响。此外,D^* Lite 算法规划出的路径可能并不平滑,且与障碍物的距离可能很近,这在某些应用场景下可能会带来安全风险。

D^* Lite 算法的改进方式有很多,例如引入懒惰视线算法和距离变换,以生成更平滑且安全的路径。这些改进使得 D^* Lite 算法能够更好地适应复杂多变的环境,并在移动机器人路径规划中得到广泛应用。

4）垂直面和水平面规划相结合。利用垂直面和水平面规划相结合进行路径优化是一种三维路径规划方法。这种方法特别适用于需要在三维空间中导航的场景，如无人机飞行或水下机器人的导航。在这种方法中，路径规划不仅考虑了地面上的障碍物和路径（水平面规划），还考虑了空间中的障碍物和高度变化（垂直面规划）。

具体来说，这种方法就是将三维空间划分为多个水平层，每个层代表一个特定的高度。在每个水平层内，使用传统的二维路径规划算法来规划路径。同时，算法还会考虑垂直方向上的移动，以避开垂直方向的障碍物，或者达到不同高度层的目标点。

3. 路径优化

路径优化是在路径评估的基础上，对路径进行进一步优化的过程。路径优化的目的是在动态环境中适应环境变化，提高路径的质量和可靠性。

路径优化前端是路径搜索，后端是轨迹规划，最后生成一条移动体可执行的路径。路径搜索即在地图中，搜索出一条避开障碍物的轨迹；轨迹规划（优化）即对搜索到的轨迹进行优化，从而符合移动体的运动学和动力学约束。

实际应用中的路径优化算法分为传统算法、图形学算法、智能仿生学算法等。其中传统的路径规划算法有：模拟退火算法、人工势场法、模糊逻辑算法、禁忌搜索算法等。传统算法在解决实际问题时往往存在建模难的问题，图形学的方法则提供了建模的方法，同时需要结合专门的搜索算法，如C空间法、栅格法、自由空间法、Voronoi图法等。处理复杂动态环境信息情况下的路径规划问题时，来自自然界的启示往往能起到很好的作用。智能仿生学算法就是人们通过仿生学研究发现的算法，常用的有：蚁群算法、神经网络算法、粒子群算法、遗传算法等。除此之外，人为发明的算法因为其优秀特点也得到广泛应用，这些算法一般都具有很强的路径搜索能力，可以很好地在离散的路径拓扑网络中发挥作用，例如 A* 算法、Dijkstra算法、Fallback算法、Floyd算法等。

习 题 4

1. 路径规划的定义是什么？
2. 路径规划的基本流程有哪几个步骤？
3. 基本路径规划算法有哪些？
4. 迪杰斯特拉(Dijkstra)算法的局限性是什么？

5. 简述 A* 算法的优点以及缺点。

6. 简述 D* 算法的优点以及缺点。

7. 快速搜索随机树(RRT)算法的优点和缺点各是什么？

8. 常见的局部路径规划算法有哪些？

9. DWA 算法有什么优点和缺点？

10. TEB 算法的定义是什么？

11. 动态路径规划的流程有哪些？

12. 如图 4-7 所示，选定一个起始点，使用 Dijkstra 算法求出从起始点到其他所有点的最短路径。

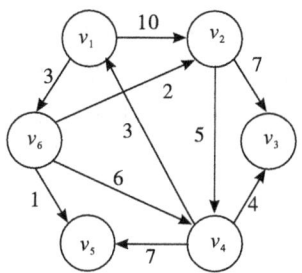

图 4-7　Dijkstra 算法

13. A* 算法：在 3×3 的棋盘上，摆有 8 颗棋子，每颗棋子上标有 1 至 8 的某一数字。棋盘中留有一个空格，空格用 0 来表示。空格周围的棋子可以移到空格中。要求解的问题是：给出一种初始布局(初始状态)和目标布局，找到一种最少步骤的移动方法，实现从初始布局到目标布局的转变。

14. D* 算法：假设有一个迷宫，如图 4-8 所示。

S	·	·	·
·	#	#	#
·	·	#	·
#	#	·	#
·	·	·	G

图 4-8　迷宫图

其中，S 表示起点，G 表示目标点，#表示墙壁，·表示可通过的空地。每次只能朝上、下、左、右四个方向移动，每个方向上的移动代价为 1。

现在要使用 D* 算法来找到从起点 S 到目标点 G 的最短路径。请按照以下步骤进行解答。

步骤 1 初始化：将起点 S 加入 Open 列表中，并将其 g 值设为 0。初始化所有其他节点的 g 值为无穷大。初始化目标点 G 的 rhs 值为无穷大。

步骤 2 选择当前节点：从 Open 列表中选择 g 值＋rhs 值最小的节点作为当前节点，并将其从 Open 列表中移除。

步骤 3 更新节点：对于当前节点的每个邻居节点，计算其新的 rhs 值。如果邻居节点是墙壁，则忽略；否则，新的 rhs 值等于从当前节点到邻居节点的代价加上邻居节点的 g 值。如果邻居节点的 rhs 值发生变化，则更新其 g 值。

步骤 4 更新路径：如果目标点 G 的 rhs 值发生变化，则将其加入 Open 列表中。如果邻居节点的 g 值发生变化，则将其加入 Open 列表中。

步骤 5 重复步骤 2 至 4，直到 Open 列表为空或者目标点 G 的 g 值不再发生变化。

第 5 章 智能决策与调度

【本章目标】

1. 了解无人系统智能决策的基本定义。
2. 掌握常见的无人系统智能决策算法。
3. 了解无人系统调度策略的基本定义。
4. 掌握常见的无人系统调度算法。

5.1 智能决策的概念

无人系统的决策是一个复杂而精密的过程,在确定路径之后,无人系统需要根据具体的环境状况、运动规则等作出合适的行为决策。这一过程面临三个主要问题:首先,真实的工作场景千变万化,如何覆盖?其次,真实的工作场景是一个多智能体决策环境,包括无人系统在内的每一个参与者所作出的行为,都会对环境中的其他参与者带来影响,因此我们需要对环境中其他参与者的行为进行预测;最后,由于无人系统对于环境信息不可能做到 100% 的感知,存在许多可能被障碍物遮挡的危险情形。

综合以上几点,在无人系统路径规划的决策中,我们需要解决的是多智能体决策在复杂环境中存在感知不确定性的规划问题。近年来,深度强化学习等领域快速发展,为解决这一问题带来了新的思路。

无人系统的决策主要包括两部分内容:决策评估和路径执行。首先,对搜索到的路径方案进行评估,根据预设的评价指标(如距离、时间、成本等)对路径进行评分或者排名;其次,根据评估结果和设定的优化目标,选择一个最优的路径或者方案作为最终决策并执行,并在执行过程中根据环境等的变化情况对决策进行调整。

5.1.1 决策评估

路径规划中的决策评估指的是对搜索到的路径方案进行评估和比较,以确定最优路径或者方案,是决策过程的关键步骤之一。决策评估主要考虑资源分配和风险评估。

1. 资源分配

对于多任务或多无人系统,资源分配是决策过程中至关重要的一个环节。系统需要合理分配人员、设备、时间等资源,以确保每个子任务都得到有效的支持。任务分配算法负责将不同的子任务分配给各个无人机,同时考虑无人机的性能、负载能力和通信范围等因素,以提高任务完成效率。路径规划算法则确定无人机在执行任务时的飞行路径,考虑到安全性、通信质量和能耗等因素,以优化飞行路径。投资决策在无人系统的发展中至关重要,通过评估和分析各项目,确定优先级和资源分配,以实现战略目标。资源分配考虑任务紧急性、资源可用性和各子系统工作负载,以提高整体任务完成效率。资源分配策略在无人系统中至关重要,通过在无人机之间分配硬件资源(如传感器、执行器)和软件资源(如算法、数据),实现任务执行的优化。

2. 风险评估

风险评估在规划和执行过程中至关重要。系统需要持续评估执行规划的风险,考虑不确定性因素、环境变化和传感器误差等。通过风险评估,系统可以灵活调整规划策略,降低任务执行的潜在风险,提升系统的鲁棒性和适应性。

风险评估主要是对以下几个方面的风险进行评估。

1)环境风险:无人系统在执行任务过程中,可能会遇到复杂多变的环境,如气象条件、地形地貌等。这些环境因素可能影响无人系统的稳定性和安全性。在规划阶段,需要充分评估环境风险,以确保无人系统在各种环境下都能安全运行。

2)安全风险:安全风险主要涉及无人系统的硬件安全、软件安全、数据安全和网络安全等方面。在规划阶段,需要对潜在的安全风险进行识别和评估,以确保无人系统在运行过程中不会受到恶意攻击或数据泄露的影响。

3)任务风险:任务风险指的是任务执行过程中因设备或规划原因导致的任务无法完成或资源优化不到位。在规划阶段,需要对任务风险进行评估,以确保无人系统能够顺利完成任务,并最大限度地降低意外事故的发生概率。

4)技术风险:无人系统涉及众多前沿技术,如人工智能、自动驾驶等。在规划阶段,需要对技术风险进行评估,确保各项技术的成熟度和可靠性,以避免在实际应用中出现技术瓶颈或故障。

5.1.2 执行阶段

无人系统路径规划中的执行阶段是指在路径规划算法确定了最佳路径或者方案后,无人系统开始执行实际的行动以完成任务的阶段。这个阶段涉及将路径规划的结果转化为具体的动作和指令,使得无人系统能够按照规划的路径进行移动或者操作,主要包括以下几个步骤。

1. 确定执行策略

根据决策结果,无人系统需要确定具体的执行策略,例如,控制无人车的行驶方向和速度、控制无人机飞行的航向和高度等。

2. 执行操作

无人系统根据确定的执行策略,进行具体的操作。这包括导航到指定目标点、追踪移动目标、执行特定的任务,比如物资投送或数据收集。执行规划是整个任务规划过程的实质性阶段,系统通过实际行动将执行策略转化为实际成果,实现既定的任务目标。例如,无人车需要通过控制车辆的加速、制动和转向等操作来实现行驶,无人机需要通过控制飞行器的螺旋桨转速、方向舵和升降舵等操作来实现飞行。

3. 监控执行过程

无人系统需要对执行过程进行实时监控,以保证执行的准确性和安全性。例如,无人车需要通过传感器监测周围环境的变化,无人机需要通过遥测技术监测飞行状态和位置等信息。

4. 反馈执行结果

无人系统需要将执行结果反馈给决策系统,以便进行下一次决策。例如,无人车需要将当前位置和速度等信息反馈给决策系统,无人机需要将拍摄到的图像和位置等信息反馈给决策系统。

5. 实时感知和调整

在执行的过程中,无人系统需要持续感知周围环境的变化。实时感知的信息包括新的障碍物出现、目标位置的变化、环境气候的改变等。系统通过对这些信息进行及时获取,能够灵活调整原有的规划,以适应新的情境,确保任务执行顺利进行。这一能力使得系统能够在复杂、动态的环境中迅速作出反应,提高执行效果的灵活性和适应性。

6. 通信和协同

在多机器人系统中，通信和协同是完成协同工作的关键。系统通过实时通信，将各个子系统的信息同步，确保彼此之间的协同和协作。这包括传递实时感知数据、分享规划结果，以及报告整体任务状态。通过高效的通信和协同机制，多机器人系统能够实现更高水平的任务协同工作，提高整体效率。在执行阶段中，无人系统需要根据决策结果进行具体的操作，并通过实时监控和反馈来保证执行的准确性和安全性。

在任务执行的过程中对执行数据进行收集并在完成任务后进行分析，称为反馈学习，这些反馈信息包括但不限于导航路径上的障碍物、目标识别的准确度、执行任务的实时状态等。通过实时反馈，系统可以及时了解任务执行的情况，及时探测潜在问题并作出相应调整，确保任务目标的实现质量。

反馈控制：反馈控制是一种通过将系统输出与预期目标进行比较，然后调整输入以使实际输出接近预期目标的方法。在无人系统中，反馈控制可以帮助系统根据实际环境调整自身行为，从而实现更好的性能。例如，无人机控制系统可以通过传感器收集实时数据，将其与预期飞行轨迹进行比较，然后根据误差调整飞行策略，以实现稳定飞行。

机器学习：机器学习是一种通过从数据中学习模式和规律，从而提高系统性能的方法。在无人系统中，机器学习可以用于处理复杂的环境信息和任务需求信息。例如，通过深度学习技术训练无人机控制模型，使其能够在复杂环境中自主飞行。此外，迁移学习和强化学习等技术可以帮助无人机在不同场景下增强适应性。

融合学习与决策：在无人系统中，决策往往需要综合多种信息来源。通过融合学习，无人机可以同时学习不同传感器的数据，从而提高决策的准确性。例如，在无人机控制中，可以将传感器数据、目标状态信息和深度神经网络输出的控制信息融合在一起，以实现更精确的飞行控制。

5.2 基本智能决策算法

智能决策算法是无人系统的智能决策的核心部分，它关系到系统在复杂环境中高效执行任务的能力，该算法通过对数据和信息进行处理、分析和推理，实现对无人机或其他无人系统的行为和任务进行智能调控。

1. 智能决策算法涉及的主要方面

1)任务分配与协同:在多无人系统协同作战时,智能决策算法可以实现任务的自适应分配,确保各个无人系统都能发挥其最大效能。同时,该算法还可以协调无人系统之间的行动,以实现高效协同作战。

2)决策与优化:智能决策算法通过分析历史数据、经验知识和实时信息,为无人系统提供决策依据。该算法可以自适应地调整策略,以应对不断变化的环境。

3)学习与适应:智能决策算法具有自我学习和适应的能力。通过不断地实践和总结经验,算法可以不断地进行自我优化,以提高无人系统的智能水平。

广义上来说,智能决策算法是指基于人工智能(Artificial Intelligence,AI)和机器学习(Machine Learning,ML)等技术,通过对大量数据进行学习和分析,从而实现自动化、智能化地作出决策的算法。这些算法广泛应用于多个领域,如无人系统、金融、医疗、工业等,旨在优化决策流程、提高决策效率、降低错误率等。

2. 智能决策算法的特点

智能决策算法具有以下特点。

1)学习能力:智能决策算法具有学习能力,可以通过对大量数据的学习和分析,不断优化自身的决策模型,以适应不同的环境和情境。

2)自适应性:这些算法具有自适应性,能够根据实时数据和环境变化进行动态调整,以实现智能化的决策过程。

3)多样化应用:智能决策算法可以应用于多个领域和场景,如机器人导航、财务投资、医疗诊断等,具有广泛的应用前景。

4)决策效率:这些算法能够快速准确地作出决策,提高决策效率,减少人为错误和失误。

5)风险管理:智能决策算法可以结合风险评估模型,进行风险管理和控制,以降低决策风险。

与其他的应用场景相比,无人系统对决策算法的要求相对较高。这是因为无人系统的任务执行具有以下特点:首先,任务的执行通常要求实时响应,特别是无人驾驶领域,往往需要在毫秒内作出应对;其次,无人系统往往处于复杂多变的环境中,例如无人机在空中飞行时需要考虑气象、空域限制、潜在风险等因素;再次,无人系统通常搭载多种传感器,如视觉传感器、激光雷达、GPS等,智能决策算法需要能够融合多种数据源;最后,对于多无人系统协同执行任务的情况,智能决策算法需要考虑任务之间的协同与优化。因此智能决策算法在无人系统中的应用更加注重对复杂环境的适应性、实时响应能力、安全可靠性等方面的考量,以实现无人系统的智能化、自主化和高效化。

3. 智能决策算法的分类

无人系统中的决策算法按照原理不同主要分为:基于规则的路径规划算法、基于统计学习的算法、基于深度学习的算法、遗传算法和进化算法、强化学习算法。

1)基于规则的路径规划算法:这类算法依赖于事先定义的规则和条件,根据环境和任务要求制定路径规划策略。例如,最短路径规划算法、避障规划算法等。

2)基于统计学习的算法:这类算法通过对历史数据进行学习和分析,建立统计模型来进行路径规划决策。例如,根据历史交通数据进行路径规划,预测最佳路径。

3)基于深度学习的算法:这类算法利用深度神经网络进行学习和推理,能够处理复杂的非线性关系和大规模数据,用于路径规划中的图像识别、环境感知等任务。

4)遗传算法和进化算法:这类算法模拟生物进化的过程,通过种群的变异和选择来优化路径规划结果。例如,遗传算法用于优化多目标路径规划问题。

5)强化学习算法:这类算法通过与环境进行交互学习,根据奖励信号来优化路径规划策略。例如,Q学习用于路径规划中的探索与利用问题。

5.2.1 粒子群算法

1. 粒子群算法的概念

粒子群优化(Particle Swarm Optimization,PSO)算法是一种进化计算(Evolutionary Computation,EC)技术,源于对鸟群捕食的行为研究。粒子群优化算法的基本思想是通过群体中个体之间的协作和信息共享来寻找最优解。

PSO的优势在于容易实现并且没有许多参数的调节。目前PSO已被广泛应用于函数优化、神经网络训练、模糊系统控制等领域,以及其他应用遗传算法的领域。

2. 粒子群算法分析

粒子群算法的基本思想是通过设计一种无质量的粒子来模拟鸟群中的鸟,

粒子仅具有两个属性:速度和位置,速度代表移动的快慢,位置代表移动的方向。每个粒子在搜索空间中单独地搜寻最优解,并将搜索到的最优解记为当前个体极值,然后将个体极值与整个粒子群里的其他粒子共享,找到最优的个体极值作为整个粒子群的当前全局最优解,粒子群中的所有粒子根据自己找到的当前个体极值和整个粒子群共享的当前全局最优解来调整自己的速度和位置。

$$v_i = v_i + c_1 \times rand() \times (pbest_i - x_i) + c_2 \times rand() \times (gbest_i - x_i) \tag{5-1}$$

$$x_i = x_i + v_i \tag{5-2}$$

其中,$i=1,2,\cdots,N$,N 是此群中粒子的总数;v_i 是粒子的速度,v_i 的最大值为 $v_{max}>0$,如果 $v_i>v_{max}$,则令 $v_i=v_{max}$;$rand()$ 是介于 0 和 1 的随机数;x_i 为粒子当前位置;c_1 和 c_2 是学习因子,通常都为 2。

公式(5-1)的第一部分(v_i)称为记忆项,表示上次速度大小和方向的影响;第二部分($c_1 \times rand() \times (pbest_i - x_i)$)称为自身认知项,是一个从粒子当前位置指向其最佳位置的矢量,表示粒子动作中来源于自己经验的部分;第三部分($c_2 \times rand() \times (gbest_i - x_i)$)称为群体认知项,是一个从粒子当前位置指向种群最佳位置的矢量,反映了粒子间的协同合作和知识共享。粒子依据自己的经验和同伴中最好的经验来决定下一步的运动。

以公式(5-1)和(5-2)为基础,形成 PSO 的标准形式。

$$v_i = \omega \times v_i + c_1 \times rand() \times (pbest_i - x_i) + c_2 \times rand() \times (gbest_i - x_i) \tag{5-3}$$

其中,ω 称为惯性因子,其值为非负。其值较大时,全局寻优能力强,局部寻优能力弱;其值较小时,全局寻优能力弱,局部寻优能力强。动态 ω 能获得比固定值更好的寻优结果。动态 ω 可在 PSO 搜索过程中线性变化,也可以根据 PSO 性能的某个测度函数动态改变。

目前,采用较多的是线性递减权值(Linear Decreasing Weight,LDW)策略。

$$\omega^{(t)} = (\omega_{ini} - \omega_{end})(G_k - g)/G_k + \omega_{end} \tag{5-4}$$

其中,G_k 是最大迭代次数,ω_{ini} 是初始惯性权值,ω_{end} 是迭代至最大进化代数时的惯性权值,g 为当前迭代次数,典型权值为:$\omega_{ini}=0.9$,$\omega_{end}=0.4$。

ω 的引入使 PSO 算法性能得到显著提高,针对不同的搜索问题,可以调整算法的全局和局部搜索能力,也使得 PSO 算法被成功地应用于很多实际问题。

PSO 算法的流程图如图 5-1 所示。

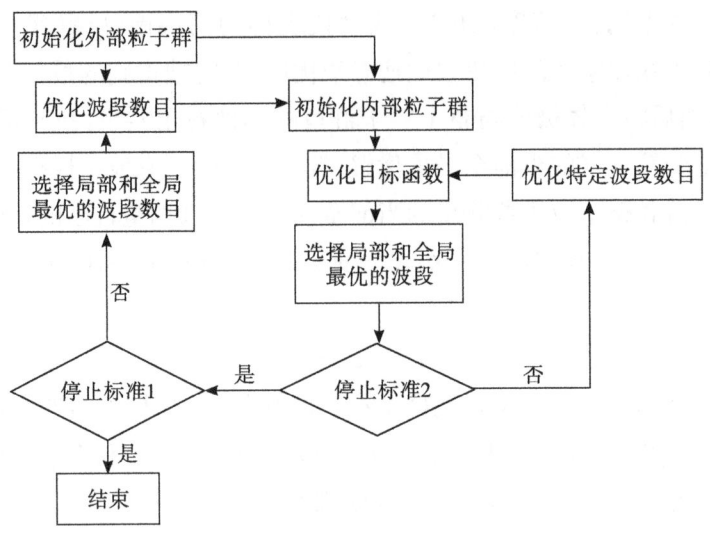

图 5-1 粒子群算法流程图

5.2.2 模糊逻辑算法

模糊集合理论在无人系统的智能决策算法中发挥着重要作用。通过将不确定性信息进行模糊化处理,系统能够更好地应对现实世界中存在的模糊、不精确的环境信息。在任务规划过程中,模糊集合理论通过对任务参数和环境变量的模糊建模,使得系统能够在复杂和动态的环境中作出更灵活的决策。这种模糊化处理的方法帮助系统对于不确定性信息进行更加鲁棒的处理,提高了决策的适应性和灵活性。因此,模糊集合理论为无人系统智能决策提供了一种有效的数学工具,使其能够更加智能地适应各种任务和环境。

如图 5-2 所示,模糊逻辑算法的主要流程是,对输入的明确数据进行模糊化处理(根据隶属度函数,如分段函数、分布函数),再从具体的输入得到隶属度模糊集(特征数据)→应用模糊规则库和推理方法得出模糊结论→去模糊化。接下来我们详细介绍模糊逻辑系统流程的每个阶段。

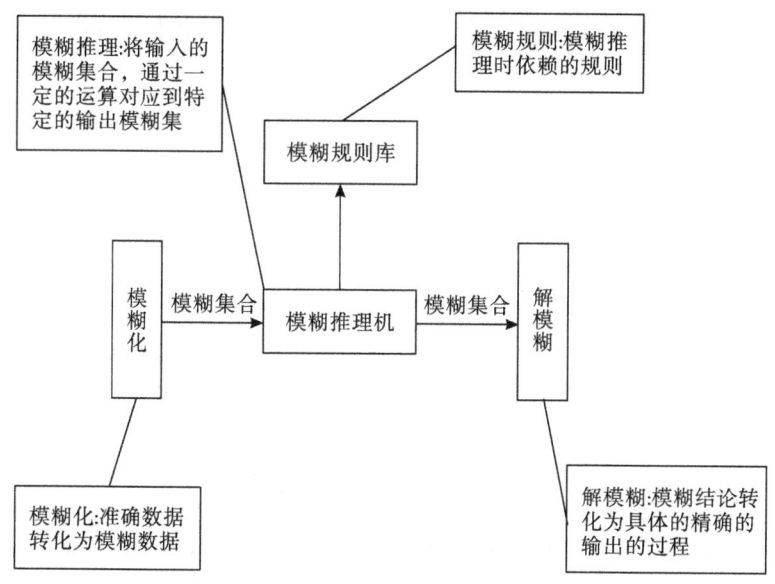

图 5-2 模糊逻辑算法结构

1. 模糊化

模糊系统输入的是明确的数字。在模糊化的过程中,我们要将这些明确的值,根据隶属函数,对应到模糊集中的隶属度。

其中很重要的一个概念是隶属函数。隶属函数(或译为归属函数)就是把输入变量对应到模糊集合中某个介于 0 和 1 的值,求出隶属度。如果输入变量在给定集合中的隶属度是 1,我们可以说该输入变量对集合而言是绝对真。如果隶属度是 0,则表示输入变量对该集合而言为绝对假。如果隶属度介于 0 和 1,则表示某种范围的真,即某种程度为真。例如:有点高,表示某种程度的高。

为了便于理解,在探讨模糊逻辑的隶属函数之前,我们先介绍传统逻辑(例如布尔逻辑)的隶属函数。当输入数据小于 x_0 时,结果取 false,而当输入数据大于 x_0 时,结果取 true,false 和 true 之间没有中间值,即传统逻辑中的非黑即白,非假即真。这在现实生活中做判断的时候可能不合理,例如,假设 $x_0=85$ 千克,则任何人超过 85 千克就是超重,低于 85 千克的就是不超重,即使某人 84.5 千克,仍然被视为不超重,这样对于日常生活中的判断过于极端,并不实用。而模糊隶属函数则允许我们实现从 false 到 true 或者从不超重到超重的逐渐转移。

如图 5-3 所示,隶属度在 0 和 1 之间逐渐变化。当输入值小于 x_0 时,结果取 false,即隶属度为 0,而当输入值大于 x_1 时,结果取 true,即隶属度为 1。介

于 x_0 和 x_1 的值,隶属度呈线性变化。我们可以给出这个隶属度的方程式:

$$f(x) = \begin{cases} 0, x \leqslant x_0 \\ \dfrac{x}{x_1 - x_0} - \dfrac{x_0}{x_1 - x_0}, x_0 < x < x_1 \\ 1, x \geqslant x_1 \end{cases} \tag{5-5}$$

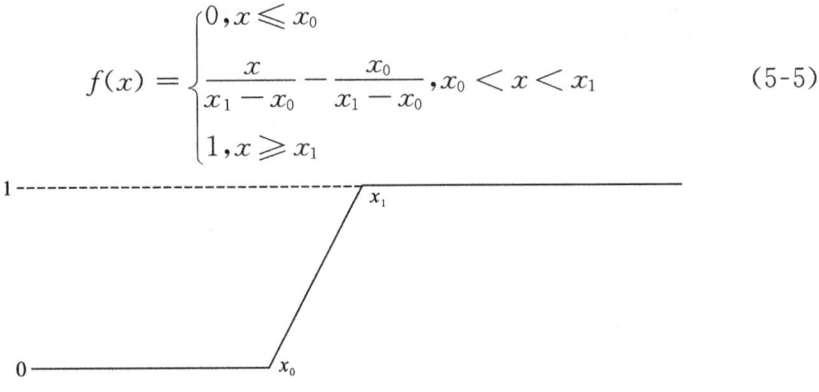

图 5-3　模糊隶属函数示意图

考虑体重的例子。令以上函数代表超重隶属函数。令 $x_0 = 87.5$,而 $x_1 = 97.5$。如果某人体重为 92.5 千克,则根据计算,他的隶属度为 0.5,也就是有点超重。一般而言,我们关注的是输入变量根据隶属函数,对应到模糊集合中的程度。例如,我们想知道某人的体重是超重、偏瘦或者理想。为此,我们要设立模糊集合,这样我们才能根据隶属函数,观察其隶属度是落在哪个区间的,即代表的是什么程度。如图 5-4 所示,我们假设有偏瘦、理想和超重三个体重的模糊集合。

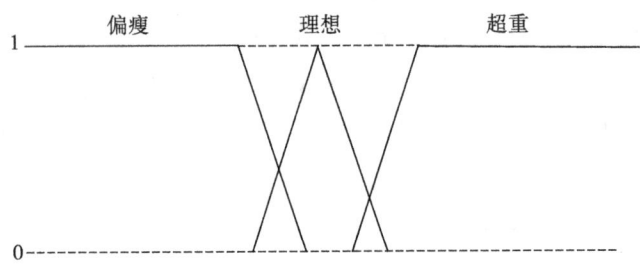

图 5-4　模糊集合函数示意图

有了这些模糊集合,我们就能计算每个输入值对应于三个集合的隶属度。例如,如果一个人在"偏瘦"集合中的隶属度为 0,在"理想"集合中的隶属度为 0.75,在"超重"集合中的隶属度为 0.15,那么我们可以比较来自这三个模糊集合的隶属度,从而进行推论,此人的体重是理想的,而且具有 0.75 的隶属度。常见的隶属函数包括:高斯隶属函数、广义钟形隶属函数、三角形隶属函数、梯形隶属函数。

2. 模糊规则

将明确的输入都模糊化后,下一步是构建一组规则,这些规划以某种逻辑方式结合输入数据,生成输出结果。和传统逻辑运算一样,我们引入模糊逻辑运算符交集(AND)、联集(OR)以及补集(NOT)。在模糊逻辑中,OR 逻辑运算符被定义为操作数中的最大值,AND 逻辑运算符被定义成操作数中的最小值,NOT 运算符则是 1 减去操作数的隶属度。在传统逻辑的布尔系统中,每条规则会逐一运算,直到有条规则为真为止,然后运行相应的结论。在模糊逻辑的系统中,所有的规则都会同时进行运算,每条规则都会运行(因为每条规则都是部分为真),并且,运行的强度或程度各不相同。每条规则的前提的逻辑运算结果,会产生该规则结论的强度。换句话说,每条规则的强度代表的是该规则的结论在输出的模糊集合中的隶属程度。

经过模糊逻辑运算后,我们可以得到多维真值表,根据每个维度的模糊结果来选择行动或者打分。下面借空战的例子进行讲解。根据我机指向对手角度的好坏、距离对手相对距离的大小,给出"方位/距离态势"评分。模糊逻辑建模如图 5-5 所示。

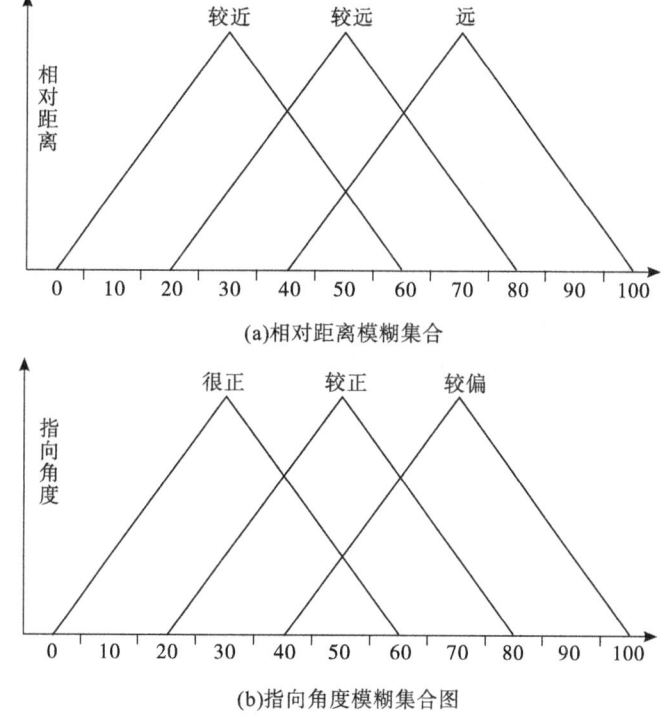

(a)相对距离模糊集合

(b)指向角度模糊集合图

(c) 方位/态势评分表

相对距离/指向角度	很正	较正	较偏
较近	3	2	1
较远	2	2	1
远	1	0	0

图 5-5　模糊逻辑建模

图 5-5(a)、(b)是两个模糊集合,分别是相对距离和指向角度,图 5-5(c)是模糊规则,表中的数字表示方位/距离态势评分,得分越高,态势越有利。例如,当模糊化处理后,得到相对距离较近以及指向角度很正的模糊结果,查表得到评分为 3 分,即认为态势非常有利。

3. 解模糊

当用精确数值作为模糊系统的输出数据时,就需要解模糊的过程。之前提到,每条规则都会得到某个输出模糊集合中的隶属程度。在推理得到的模糊集合中取一个最能代表该模糊集合的单值的过程称作解模糊。常用的解模糊方法有最大隶属度法、最大平均法、面积均分法和重心法。

5.2.3　强化学习

强化学习(Reinforcement Learning,RL)讨论的问题是一个智能体(Agent)怎么在一个复杂不确定的环境(Environment)中极大化它能获得的奖励。通过感知所处环境的状态(State)对动作(Action)的反应(Reward),来调整以进行更好的动作,从而获得最大的收益(Return),这就是在交互中学习,这样的学习方法就被称作强化学习。

如图 5-6 所示,在强化学习过程中,智能体与环境一直在交互。智能体在环境里面获取到状态,并利用这个状态输出一个动作,即作出一个决策。然后这个决策会被放到环境之中,环境会根据智能体采取的决策,输出下一个状态以及当前这个决策得到的奖励。智能体的目的是尽可能多地从环境中获取奖励。

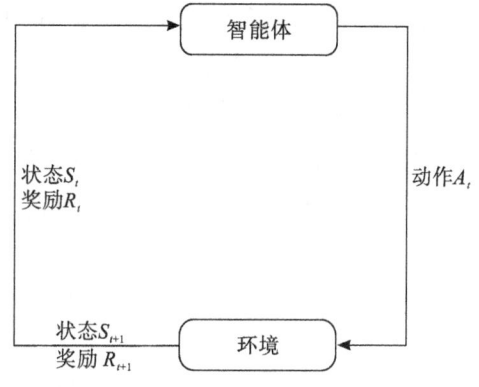

图 5-6　强化学习示意图

强化学习主要有以下几个特点：试错学习，强化学习一般没有直接的指导信息，所以智能体要不断地与环境进行交互，通过试错的方式来获得最佳策略（Policy）；延迟回报，强化学习的指导信息很少，而且往往是在事后（最后一个状态（State））才给出的。例如，在围棋游戏中，只有到了游戏结束时才能知道胜负。

强化学习的主要元素如下。

环境（Environment）是一个外部系统，智能体处于这个系统中，能够感知到这个系统并且能够基于感知到的状态作出一定的行动。

智能体（Agent）是一个嵌入环境的系统，能够通过采取行动来改变环境的状态。

状态（State）/观察值（Observation）：状态是对环境的完整描述，不会隐藏环境的信息。观测是对状态的部分描述，可能会遗漏一些信息。

动作（Action）：不同的环境允许不同种类的动作，在给定的环境中，有效动作的集合被称为动作空间（Action Space），包括离散动作空间（Discrete Action Spaces）和连续动作空间（Continuous Action Spaces），例如，迷宫机器人如果只能向东南西北这4个方向移动，则其为离散动作空间；如果机器人向360度的任意角度都可以移动，则为连续动作空间。

奖励（Reward）：是由环境提供的一个标量的反馈信号（Scalar Feedback Signal），它显示了智能体在某一步采取了某个策略的表现如何。

强化学习的经典算法有 Q-learning、Sarsa、DQN、Policy Gradient、A3C、DDPG、PPO 等，本节着重介绍 Q-learning 算法。

在 Q-learning 算法中，我们维护一张 Q 值表，表的维数为：状态数 S 乘以动作数 A，表中每个数代表在当前状态 S 下采用动作 A 可以获得的未来收益的折现和。我们通过不断地迭代 Q 值表使其最终收敛，然后就可以在每个状态下选取一个最优策略。接下来通过一个情景来讲解该算法。

如图 5-7 所示，假设机器人必须越过迷宫才能到达终点。迷宫有地雷，机器人一次只能移动一个地砖。如果机器人踏上地雷，机器人就死了。机器人必须在尽可能短的时间内到达终点。得分/奖励系统如下。

机器人在每一步都失去 1 点。这样做是为了使机器人采用最短路径并尽可能快地到达终点。

如果机器人踩到地雷，则点损失为 100 并且游戏结束。

如果机器人获得能源，则它会获得 1 点。

如果机器人到达终点，则机器人获得 100 分。现在，显而易见的问题是：我们如何训练机器人以最短的路径到达终点且不踩地雷？

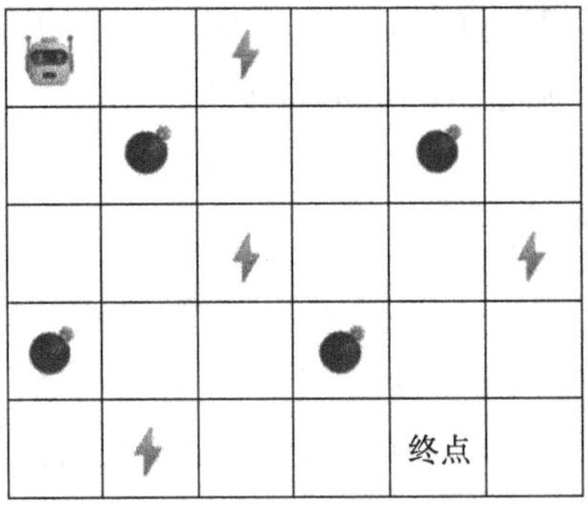

图 5-7　机器人迷宫模型

1. Q 值表

如图 5-8 所示，Q 值表（Q-Table）是一个简单查找表的名称，我们计算每个状态的最大预期未来奖励。基本上，这张表将指导我们在每个状态采取最佳行动。

行动	上行	右行	下行	左行
起点				
白板				
能量				
地雷				
终点				

图 5-8　Q 值表

2. Q 函数

Q 函数(Q-Function)即为上文提到的动作价值函数,它有两个输入:状态和动作。它将返回在该状态下执行该动作的未来奖励期望。我们可以把 Q 函数视为一个在 Q 值表上滚动的读取器,用于寻找与当前状态关联的行以及与动作关联的列,它会从相匹配的单元格中返回 Q 值,也就是未来奖励的期望。在我们探索环境(Environment)之前,Q 值表会给出相同的任意的设定值(大多数情况下是 0)。随着对环境的持续探索,这个 Q 值表会通过迭代地使用 Bellman 方程(动态规划方程)更新 $Q(s,a)$ 来给出越来越好的近似。

$$Q^{\pi}(s_t, a_t) = E[R_{t+1} + \gamma R_{t+2} + \gamma^2 R_{t+3} + \cdots s_t, a_t] \tag{5-6}$$

算法流程如下。

步骤 1:初始化 Q 值表。首先构建一个 Q 值表,该表有 n 列,其中 n=操作数,有 m 行,其中 m=状态数。将所有 Q 值都初始化为 0,如图 5-9 所示。

行动	上行	右行	下行	左行
起点	0	0	0	0
白板	0	0	0	0
能量	0	0	0	0
地雷	0	0	0	0
终点	0	0	0	0

图 5-9 初始化 Q 值表

步骤 2:选择并执行操作。这些操作的组合在不确定的时间内完成。这意味着此步骤一直运行,直到我们停止训练,或者训练循环停止。

如图 5-10 所示,每个 Q 值都等于零,我们需要权衡探索/利用(Exploration/Exploitation)的程度,基本思路是在一开始使用 epsilon 贪婪策略。

我们指定一个探索速率 epsilon,将其初始值设定为 1。这个就是我们随机采用的步长。在一开始,探索速率应该处于最大值,因为我们不知道 Q 值表中任何的值。这意味着,我们需要通过随机选择动作进行大量的探索。

生成一个随机数。如果这个数大于 epsilon,那么我们会进行利用(这意味着我们在每一步都利用已经知道的信息选择动作)。否则,我们继续进行探索。

在刚开始训练 Q 函数时,我们必须设置一个较大的 epsilon。随着智能体对估算出的 Q 值更有把握,我们会逐渐减小 epsilon。

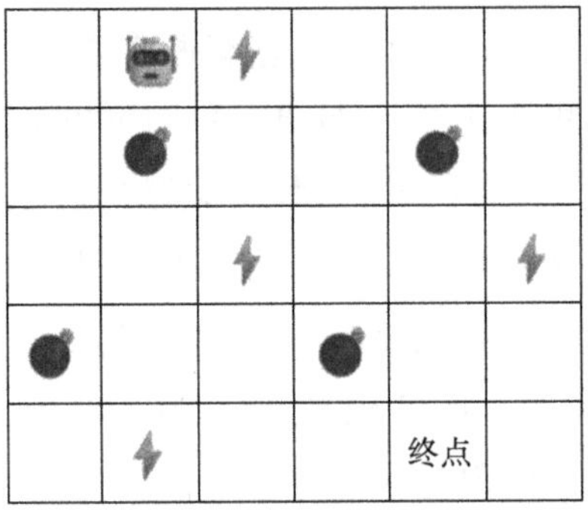

行动	上行	右行	下行	左行
起点	0	0	0	0
白板	0	0	0	0
能量	0	0	0	0
地雷	0	0	0	0
终点	0	0	0	0

(a) 机器人移动后的迷宫模型　　(b) 机器人移动后的 Q 值表

图 5-10　机器人移动后

步骤 3：评估结果并更新 Q 值表。采取行动并观察结果和奖励，接下来更新功能 $Q(s,a)$：

$$\text{New}Q(s,a) = Q(s,a) + \alpha[R(s,a) + \gamma\max Q'(s',a') - Q(s,a)] \quad (5\text{-}7)$$

5.2.4　深度学习

深度学习算法，特别是基于神经网络的方法，已经成为无人系统智能决策的重要工具。通过大量数据的训练，神经网络能够从复杂的环境中学习到有关特征和模式，从而为系统提供高度精细的感知能力。在任务规划中，深度学习广泛应用于视觉感知、目标识别、图像分割等任务，使得系统能够更准确地理解周围环境，为后续的决策提供更有力的支持。这种算法的优势在于其能够处理大规模、高维度的数据，并通过不断的学习和优化提高性能，使得无人系统在复杂任务中表现更为出色。

假设深度学习要处理的信息是"水流"，而处理数据的深度学习网络是一个由管道和阀门组成的巨大水管网络。网络的入口是若干管道开口，网络的出口也是若干管道开口。这个水管网络有许多层，每一层有许多个可以控制水流流向与流量的调节阀。根据不同任务的需要，水管网络的层数、每层的调节阀数量可以有不同的变化组合。对复杂任务来说，整个网络可能包含成千上万个调节阀。在水管网络中，每一层的每个调节阀都通过水管与下一层的所有调节阀连接起来，组成一个从前到后，逐层完全连通的水流系统。例如，当计算机处理一张写有"田"字的图片，就将组成这张图片的所有数字（在计算机里，图片的每个颜色点都是用"0"和"1"组成的数字来表示的）全都转换成信息的水流，从入口灌进水管网络。我们预先在水管网络的每个出口都设置一块字牌，对应于每一个我们想让计算机识别的汉字。这时,因为输入的是"田"这个汉字,当水流流过整个水管网络时,计算机就会观察是不是标记"田"字的管道出口流出来的水流最多。如果是这样,就说明这个管道网络符合要求。如果不是这样,就调节水管网络里的每一个流量调节阀,让"田"字出口"流出"的水最多。

现在,计算机需要调节众多阀门,但得益于计算机的运算速度快,暴力的计算加上算法的优化,可以很快给出一个解决方案,调节好所有阀门,让出口处的流量符合要求。下一步,学习"申"字时,我们可以采用类似的方法,把每一张写有"申"字的图片转换成一组数字组成的水流,灌进水管网络,观察是不是写有"申"字的那个管道出口流出的水最多,如果不是,我们还需要继续调整所有的阀门。在这个过程中,既要保证之前学过的"田"字不受影响,也要保证新的"申"字可以被正确处理。

如此反复进行,直到所有汉字对应的水流都可以按照期望的方式流过整个水管网络。此时,这个水管网络就是一个训练好的深度学习模型了。当大量汉字被这个管道网络处理时,所有阀门都调节正确后,整套水管网络就可以用来识别汉字了。这时,我们可以把调节好的所有阀门都"焊死",静候新的水流到来。与训练阶段类似,未知的图片会被计算机转换成数据的水流,灌入训练好的水管网络。这时,计算机只要观察一下哪个出水口流出来的水流最多,就可识别这张图片写的是哪个字。

深度学习的优缺点如下。

优点 1:学习能力强。从结果来看,深度学习的表现非常好,它的学习能力非常强。

优点 2:覆盖范围广,适应性好。深度学习的神经网络层数很多,宽度很广,理论上可以映射到任意函数,所以能解决很复杂的问题。

优点 3:数据驱动,上限高。深度学习高度依赖数据,数据量越大,它的表现就越好。在图像识别、面部识别、自然语言处理 NLP 等部分任务的表现甚至已经超过了人类。同时还可以通过调参进一步提高它的上限。

优点 4:可移植性好。由于深度学习的优异表现,有很多框架可以使用,例如 TensorFlow、Pytorch。这些框架可以兼容多个平台。

缺点 1:计算量大,便携性差。深度学习需要大量的数据和大量的算力,所以成本很高。并且现在很多应用还不适合在移动设备上使用。目前已经有很多公司和团队在研发针对便携设备的芯片。这个问题未来可能会得到解决。

缺点 2:硬件需求高。深度学习对算力要求很高,普通的中央处理器已经无法满足深度学习的要求。主流的算力都是使用图形处理单元 GPU 和张量处理单元 TPU，所以对于硬件的要求很高，成本也很高。

缺点 3：模型设计复杂。深度学习的模型设计非常复杂，需要投入大量的人力、物力和时间来开发新的算法和模型。大部分人只能使用现成的模型。

缺点 4：没有"人性"，容易存在偏见。由于深度学习依赖数据，并且可解释性不高。在训练数据不平衡的情况下会出现性别歧视、种族歧视等问题。

常见的深度学习算法有卷积神经网络 CNN、循环神经网络 RNN、生成对抗网络 GANs、强化学习 RL 等，接下来将着重讲解 CNN 的相关算法。

CNN，即卷积神经网络（Convolutional Neural Networks），是一种类似于人工神经网络的多层感知器，常用来分析视觉图像。卷积神经网络的创始人是著名的计算机科学家 Yann LeCun，目前在 Facebook 工作，他是第一个通过卷积神经网络在 MNIST 数据集上解决手写数字问题的人。一个卷积神经网络主要由以下五层组成：数据输入层、卷积计算层、非线性层、池化层和全连接层。

1. 数据输入层

该层主要是对原始图像数据进行预处理，其中包括以下步骤。

去均值：把输入数据各个维度都中心化为 0，其目的就是把样本的中心拉回到坐标系原点。

归一化：将数据幅度归一化到同样的范围，即减少各维度数据因取值范围的差异而带来的干扰。例如，有两个维度的特征 A 和 B，A 的范围是 0 到 10，而 B 的范围是 0 到 10000，如果直接使用这两个特征是有问题的，好的做法就是进行归一化，即将 A 和 B 的数据都调整为 0 到 1 的范围。

主成分分析 PCA/白化：PCA 用于降维；白化是指对数据各个特征轴上的幅度归一化。

2. 卷积计算层

这一层就是卷积神经网络最重要的一个层次，也是"卷积神经网络"的名称来源。卷积层有两个关键操作：局部关联，每个神经元被视为一个滤波器（Filter）；窗口（Receptive Field）滑动，Filter 对局部数据进行计算。

选择了过滤器的尺寸以后，还需要选择步幅（Stride）和填充（Padding）。步幅控制着过滤器围绕输入内容进行卷积计算的方式。过滤器移动的距离就是步幅。例如，当步幅被默认设置为 1 时，过滤器通过每次移动一个单元的方式对输入内容进行卷积。步幅的设置通常要确保输出内容是一个整数而非分数。例如，对于一个 7×7 的输入图像和一个 3×3 的过滤器（简单起见不考虑第三个维度),如果步幅为1,则输出内容如图5-11所示。这是一种惯常的情况。

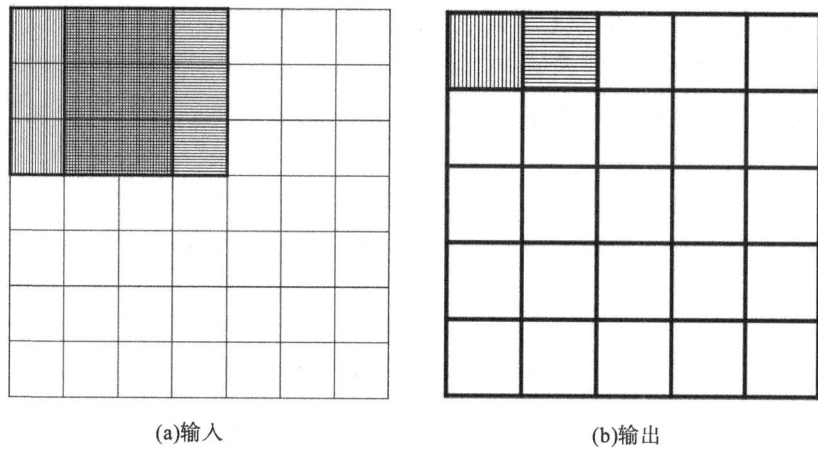

图5-11 步幅为1的窗口滑动及对应的输出(输入7×7,输出5×5)

如果步幅增加到2,输出内容会变成如图5-12所示的情形。

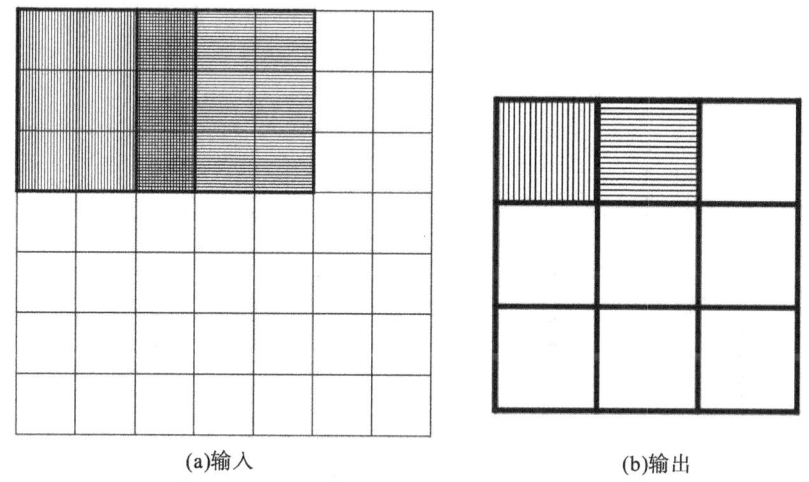

图5-12 步幅为2的窗口滑动及对应的输出(输入7×7,输出3×3)

感受野移动了两个单元,输出内容同样也会减小。注意,如果试图把步幅设置成3,那就会难以调节间距并确保感受野与输入图像匹配。正常情况下,程序员如果想让接受域重叠得更少并且想要更小的空间维度(Spatial Dimensions)时,就会增加步幅。

想象一个场景:当把5×5×3的过滤器用在32×32×3的输入上时,会发生什么?输出的大小会是28×28×3。注意,这里空间维度减小了。如果继续用卷积层,尺寸减小的速度就会超过期望。在网络的早期层中,我们希望尽可能多地保留原始输入内容的信息,这样就能提取出那些低层的特征。例如,想要应用同样的卷积层,但又想让输出量维持为 32×32×3。为做到这点,可以对这个层应用大小为 2 的零填充(Zero Padding)。零填充在输入内容的边界周围补充零。如果用两次零填充,就会得到一个 36×36×3 的输入卷,如图 5-13 所示。

如果在输入内容的周围应用两次零填充,那么输入量就为 36×36×3。然后,当应用带有 3 个 5×5×3 的过滤器,以 1 的步幅进行处理时,我们也可以得到一个 32×32×3 的输出。如果步幅为 1,而且把零填充设置为

$$Zero\ Padding = \frac{(K-1)}{2} \tag{5-8}$$

其中,K 是过滤器尺寸,那么输入和输出内容就总能保持一致的空间维度。计算任意给定卷积层的输出的大小的公式是

$$O = \frac{(W-K+2P)}{S} + 1 \tag{5-9}$$

其中,O 是输出尺寸,W 是输入尺寸,K 是过滤器尺寸,P 是填充,S 是步幅。

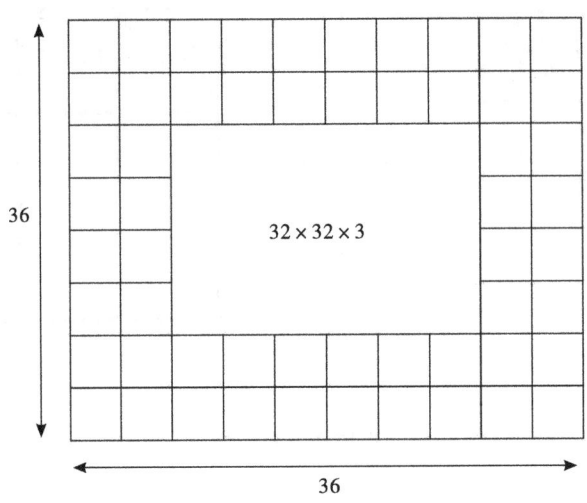

图 5-13 零填充后的矩阵

3. 非线性层(或激活层)

非线性层的任务是把卷积层输出结果进行非线性映射。CNN 采用的激活函数一般为 ReLU(The Rectified Linear Unit,修正线性单元)。它的特点是收敛快,求梯度简单,但较脆弱。

4. 池化层

池化层位于连续的卷积层中间,用于压缩数据和参数的量,减小过拟合。简而言之,如果输入的是图像,那么池化层的最主要作用就是压缩图像。

池化层具有特征不变性,即我们在图像处理中经常提到的特征的尺度不变性,池化操作就是图像的调整大小(Resize)操作。例如,即使一张狗的图像被缩小了 50%,我们也能认出这是一张狗的照片,这说明这张图像中仍保留着狗最重要的特征,因为图像压缩时去掉的信息只是一些无关紧要的信息,而留下的信息则是具有尺度不变性的特征,是最能表达图像的特征。

特征降维是池化层的另一个特性。通常一幅图像含有的信息量是很大的,特征也很多,但是有些信息对于特定的图像任务是没有太多用途或者有重复,我们可以把这类冗余信息去除,把最重要的特征抽取出来,这也是池化操作的一大作用。可以在一定程度上防止过拟合,更方便优化。

池化层常用的方法有最大池化 Max Pooling 和平均池化 Average Pooling,而实际应用较多的是最大池化 Max Pooling。

5. 全连接层

如图 5-14 所示,全连接层的两层之间所有神经元都有权重连接,通常全连接层在卷积神经网络尾部,跟传统的神经网络神经元的连接方式是一样的。

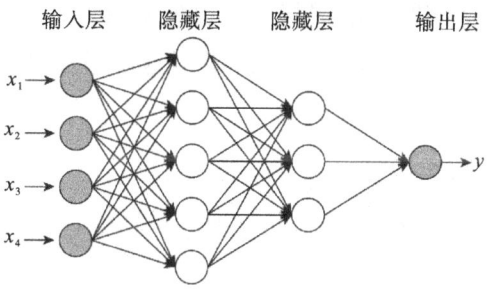

图 5-14 全连接层示意

5.2.5 蚁群算法

1. 蚁群算法的基本思想

蚁群算法是一种用来寻找优化路径的概率型算法。它由 Marco Dorigo 于 1992 年在他的博士论文中提出,这种算法具有分布计算、信息正反馈和启发式搜索的特征,本质上是进化算法中的一种启发式全局优化算法。

蚁群算法的基本原理来源于自然界中蚂蚁觅食的最短路径问题。根据昆虫学家的观察,发现自然界的蚂蚁虽然视觉不发达,但它可以在没有任何提示的情况下找到从食物源到巢穴的最短路径,并且在环境发生变化(如原有路径上出现障碍物)后,能自适应地搜索新的最佳路径。蚂蚁是如何做到这一点的呢?

原来,蚂蚁在寻找食物源时,能在其走过的路径上释放一种特有的分泌物——信息激素,也可称之为信息素,使得一定范围内的其他蚂蚁能够察觉到并影响它们之后的行为。当一些路径上通过的蚂蚁越来越多时,其留下的信息素也越来越多,以致信息素强度增大(尽管信息素强度随时间的推移会逐渐减弱),所以蚂蚁选择该路径的概率也越高,从而进一步增加了该路径的信息素强度,这种选择过程被称为蚂蚁的自催化行为。由于其原理是一种正反馈机制。因此,也可将蚂蚁王国理解为一种增强型学习系统。

在自然界中,蚁群的这种寻找路径的过程表现为一种正反馈过程,"蚁群算法"就是模仿生物学蚂蚁群觅食寻找最优路径原理衍生出来的。

将蚁群算法应用于解决优化问题的基本思路为:用蚂蚁的行走路径表示待优化问题的可行解,整个蚂蚁群体的所有路径构成待优化问题的解空间。路径较短的蚂蚁释放的信息素量较多,随着时间的推移,较短的路径上累积的信息素浓度逐渐增高,选择该路径的蚂蚁个数也愈来愈多。最终,整个蚂蚁会在正反馈机制的作用下集中到最佳的路径上,此时这条路径对应的便是待优化问题的最优解。

2. 蚁群算法的数学模型

应该说前面介绍的蚁群算法只是一种算法思想,若想真正应用该算法,还需要针对特定问题,建立相应的数学模型。现仍以经典的旅行商问题(TSP)为例,进一步阐述如何基于蚁群算法来求解实际问题。

对于 TSP,为不失一般性,设整个蚂蚁群体中蚂蚁的数量为 m,城市的数量为 n,城市 i 与城市 j 之间的距离为 $d_{ij}(i,j=1,2,\cdots,n)$,t 时刻城市 i 与城市 j 连接路径上的信息素浓度为 $\tau_{ij}(t)$。初始时刻,蚂蚁被放置在不同的城市里,且各城市间连接路径上的信息素浓度相同,不妨设 $\tau_{ij}(t)=\tau_0$。然后蚂蚁将按一定概率选择线路,不妨设为 t 时刻蚂蚁 k 从城市 i 转移到城市 j 的概率为 $P_{ij}^k(t)$。我们知道,"蚂蚁 TSP"策略会受到两方面的影响,首先是访问某城市的期望,其次是其他蚂蚁释放的信息素浓度,所以定义:

$$P_{ij}^{\beta} = \begin{cases} \dfrac{[\tau_{ij}(t)]^{\alpha} \cdot [\eta_{ij}(t)]^{\beta}}{\sum\limits_{j \in allow_k}[\tau_{ij}(t)]^{\alpha} \cdot [\eta_{ij}(t)]^{\beta}}, & j \in allow_k \\ 0, & j \notin allow_k \end{cases} \quad (5\text{-}10)$$

其中，$\eta_{ij}(t)$ 为启发函数，$\eta_{ij}(t) = \dfrac{1}{d_{ij}}$ 表示蚂蚁从城市 i 转移到城市 j 的期望程度，$allow_k(k=1,2,\cdots,m)$ 为蚂蚁 k 待访问城市集合，开始时，$allow_k$ 中有 $n-1$ 个元素，即包括除了蚂蚁 k 出发城市的其他所有城市，随着时间的推移，$allow_k$ 中的元素越来越少，直至为空；α 为信息素重要程度因子，简称信息度因子，其值越大，表示信息影响强度越大；β 为启发函数重要程度因子，简称启发函数因子，其值越大，表明启发函数影响越大。

在蚂蚁遍历城市的过程中，与实际情况相似的是，在蚂蚁释放信息素的同时，各个城市间连接路径上的信息素的强度也在通过挥发等方式逐渐消失。为了描述这一特征，不妨令 $\rho(0<\rho<1)$ 表示信息素的挥发程度。这样，当所有蚂蚁完整走完一遍所有城市之后，各个城市间连接路径上的信息浓度为：

$$\tau_{ij}(t+1) = (1-\rho) \cdot \tau_{ij}(t) + \Delta\tau_{ij}, 0 < \rho < 1 \quad (5\text{-}11)$$

其中，$\Delta\tau_{ij} = \sum\limits_{k=1}^{m} \Delta\tau_{ij}^{k}$，$\Delta\tau_{ij}^{k}$ 为第 k 只蚂蚁在城市 i 与城市 j 连接路径上释放信息素而增加的信息素浓度；$\Delta\tau_{ij}$ 为所有蚂蚁在城市 i 与城市 j 连接路径上释放信息素而增加的信息素浓度。

$\Delta\tau_{ij}^{k}$ 一般的值可通过 Ant Cycle System 模型进行计算。

$$\Delta\tau_{ij}^{k} = \begin{cases} \dfrac{Q}{L_k}, & \text{若蚂蚁 } k \text{ 从城市 } i \text{ 访问城市 } j \\ 0, & \text{否则} \end{cases} \quad (5\text{-}12)$$

其中，Q 为信息素常数，表示蚂蚁循环一次所释放的信息素总量；L_k 为第 k 只蚂蚁经过的路径的总长度。

3. 蚁群算法的步骤

用蚁群算法求解 TSP 问题的步骤如下。

步骤 1：对相关参数进行初始化，包括蚁群初始化群规模、信息素因子、启发函数因子、信息素、挥发因子、信息素常数、最大迭代次数等，以及将数据读入程序，并对数据进行基本的处理，如将城市的坐标位置转换为城市间的矩阵。

步骤 2：随机将蚂蚁放于不同的出发点，对每个蚂蚁计算其下一个要访问的城市，直至所有蚂蚁均访问完所有城市。

步骤3：计算每只蚂蚁经过的路径长度，记录当前迭代次数中的最优解，同时对各个城市连接路径上的信息素浓度进行更新。

步骤4：判断是否达到最大迭代次数，若没有，则返回步骤2；若已达到，则终止程序。

步骤5：输出算法最终结果，并根据需要输出算法寻优过程中的相关指标，如运行时间、收敛迭代次数等。

5.3 无人系统的调度策略

无人系统中的调度策略是指在无人系统中对任务和资源进行合理分配和调度的方法和策略。在日常应用中，无人系统常常以集群形式出现，通过多个个体协作完成任务。无人系统包括无人机、自动驾驶车辆、机器人等，在各个领域都有广泛的应用，如物流配送、农业、城市交通等。调度策略的优劣直接影响无人系统的性能和效率。根据决策判断依据不同，可以将无人系统的调度策略分为任务调度策略、资源调度策略和决策与规划策略三种。

1. 任务调度策略

任务调度策略是指在多任务系统或者多任务环境下，为了提高系统资源利用率、降低任务完成时间、优化系统性能，而制定的任务调度规则和算法。任务调度策略的设计和实现对于系统的效率和性能有着重要的影响。常见的任务调度策略有以下四种。

1) 任务优先级调度：根据任务的紧急程度和重要性，为每个任务分配一个优先级，高优先级的任务将被优先处理。这种策略可以确保关键任务得到及时处理，提高任务完成的效率和准确性。例如，在医疗物流中，紧急的药品配送任务可以具有更高的优先级，以确保患者的健康和安全。

2) 动态调度：根据实时环境和任务需求的变化，动态地调整任务的执行顺序和资源分配，以适应不同的情况。这种策略可以使无人系统具有更好的灵活性和适应性。例如，在城市交通管理中，根据交通流量和道路状况，实时调整无人驾驶车辆的路线和速度，以减少拥堵和提高通行效率。

3) 任务预测调度：通过分析历史数据和任务特征，对未来任务进行预测，并提前做好准备，以提高任务完成的效率和及时性。这种策略可以减少任务的等待时间和资源的空闲时间。例如，在电商物流中，根据用户购买的历史数据和行为模式，预测用户的需求并提前调度无人机进行商品配送，缩短配送时间，提高用户满意度。

4)路线规划调度:根据任务的位置和目的地,结合地图信息和交通状况,规划最优路线,减少任务的执行时间和资源消耗。这种策略可以提高任务完成的效率并节约资源。例如,在农业领域,通过分析作物生长情况和土壤条件,规划无人机的喷洒路径,以最小化农药的使用量,减少对环境的影响。

2. 资源调度策略

无人系统任务规划中的资源调度策略是指为了实现最大化利用系统资源、提高任务执行效率、保证任务顺利完成等目标而制定的一系列策略。这些策略涉及对无人系统中的各种资源(如处理器、传感器、通信带宽等)进行合理调度和分配。

1)资源分配均衡:根据任务的数量和类型,合理分配可用资源,避免资源的浪费和过载,提高整体系统的利用率。例如,在无人驾驶车辆的调度中,根据乘客需求和车辆的实际情况,合理分配车辆资源,确保乘客能够准时得到服务,同时最大程度地减少空载行驶和资源的浪费。

2)优化资源利用:通过动态调整资源的使用方式和分配策略,最大程度地提高资源的利用效率,减少资源的空闲时间。例如,在无人机的调度中,根据不同任务的需求和飞行器的电量情况,合理安排充电和换电操作,以保证飞行器的连续工作时间,提高资源的利用率。

3)资源共享调度:将资源进行共享,在不同任务之间共同利用,以减少资源的重复使用和浪费,提高整体系统的效率。例如,在物流配送中,多个无人机可以共享同一个充电站或者仓库,通过合理规划和调度,使得不同无人机可以共享资源,减少资源的冗余和浪费。

4)任务调度与能源管理的协同优化:在任务调度的同时,结合能源管理策略,对无人系统的能源进行有效管理和优化,延长系统的工作时间。例如,在无人驾驶车辆的调度中,结合车辆电池的容量和充电桩的分布情况,合理安排车辆的行驶路线和充电时间,以最大程度地延长车辆的工作时间和续航里程。

3. 决策与规划策略

决策与规划策略是指为了实现任务目标、优化资源利用、提高任务执行效率等目标而制定的一系列决策规则和规划策略,即在任务执行过程中,哪些决策由哪一级的规划系统来完成,使用哪些算法、方法进行决策。

1)强化学习算法:通过建立模型和训练,使无人系统能够根据环境和任务的反馈信息,自主学习和优化调度策略,适应各种复杂的情况。例如,在无人机的调度中,可以使用强化学习算法来优化任务的执行顺序和资源的分配,使得无人机能够根据当前环境和任务需求作出最优的决策。

2)协同决策:多个无人系统之间进行协同决策和规划,利用集体智慧和合作,提高整个系统的效率和性能。例如,在物流配送中,通过无人机、无人车和仓库之间的协同决策,可以实现快速高效的货物运输和分拣,提高物流配送的效率和准确性。

3)预案设计:制定不同场景下的预案和调度方案,对可能出现的问题进行预先规划和处理,提高系统的应对能力和稳定性。例如,在无人驾驶车辆的调度中,制定不同天气条件下的行驶策略和安全预案,对可能出现的紧急情况进行预先规划和应对,以保证无人车的安全运行和乘客的安全。

无人系统中的调度策略是一项复杂而关键的任务。通过合理的任务调度和资源分配,可以提高无人系统的效率、安全性和可靠性,更好地实现任务完成和资源利用。随着人工智能和数据分析技术的不断进步,未来无人系统的调度策略将被进一步优化和完善,为其在各个领域的应用带来更大的价值和潜力。

以无人机为例,作为一种新兴技术,在我国的应用越来越广泛,如应用于航拍、物流、农业、环保等多个领域。无人机任务分配的调度策略是无人机应用的关键技术之一,它决定了无人机资源的有效利用和任务完成的效率。

4. 无人机任务分配的基本原则

1)优先级原则:根据任务的重要性、紧急程度等因素为任务设定优先级,优先执行优先级高的任务。

2)实时性原则:考虑任务的实时性要求,优先分配处理时间短的任务。

3)可行性原则:根据无人机的性能和环境条件,分配可行任务。

5. 无人机任务分配调度策略分类

无人机任务分配调度策略主要包括以下几种。

1)任务优先级分配:根据任务的重要性和紧迫性,为每个任务设定优先级。将优先级高的任务优先分配给无人机执行。

2)无人机状态评估:评估无人机当前的状态,包括电池剩余量、飞行高度、飞行速度等,确保无人机能够顺利完成任务。

3)任务距离和时间预测:根据任务需求,预测任务所在区域的未来变化,以便为无人机选择最优的飞行路径。

4)无人机资源分配:合理分配无人机上的传感器、通信设备等资源,确保任务执行的质量。

5.4 基本调度算法

本节以无人机为例,对常见无人机群的任务调度算法进行介绍。

1. 基于静态优先级的调度策略

根据任务的优先级进行排序,从高到低依次分配任务。当无人机能力不足时,降低优先级较高的任务,直至任务可执行。

【例 5-1】 以农业无人机为例,假设有 10 个区块的农田需要进行农药喷洒。无人机具备每天喷洒 1 个区块的能力。现有 4 架无人机可供分配任务。基于静态优先级的调度策略求解任务分配结果。

思路:
(1)按照农田区块的顺序,为每个区块分配优先级。
(2)为每架无人机分配任务,优先级高的区块优先分配。

结果: 1~4 号无人机分别喷洒区块 1、2、3、4,然后依次喷洒 5、6、7、8,最后喷洒 9、10。

解答: 基于静态优先级的调度策略下,任务按照区块的顺序分配优先级。无人机依次完成分配给它们的任务,先完成优先级较高区块的农药喷洒。这种策略虽然简单明了,但不考虑实时情况的变化。伪代码如下。

```cpp
void staticPriorityScheduling(int numDrones, int numBlocks){
    vector<int> drones(numDrones);
    vector<int> blocks(numBlocks);
    iota(blocks.begin(), blocks.end(), 1); // 区块编号从 1 开始
    unordered_map<int, int> priority;
    for (int block : blocks){
        priority[block] = block; //初始化优先级
    }
    for (int drone : drones){
        for (int block : blocks){
            if (priority.find(block) != priority.end()) {
                cout << "Drone " << drone << " sprays Block " << block << endl;
                priority.erase(block);
                break;
```

```
            }
        }
    }
}
```

2. 基于动态优先级的调度策略

在静态优先级的基础上,结合任务的实时性和无人机的性能,动态调整任务优先级,实现任务的有效分配。

【例 5-2】 以农业无人机为例,假设有 10 个区块的农田需要进行农药喷洒。无人机具备每天喷洒 1 个区块的能力。现有 4 架无人机可供分配任务。基于动态优先级的调度策略求解任务分配结果。

思路:

(1)无人机根据当前区块的农药需求和实际喷洒情况,动态调整下一个区块的优先级。

(2)优先级高的区块优先分配给无人机。

结果: 1~4 号无人机分别喷洒区块 1、2、3、4,然后依次喷洒 5、6、7、8,最后喷洒 9、10。但具体任务的分配可能会因为实时情况的差异而有所不同。

解答: 动态优先级的调度策略考虑了实时情况的变化,根据当前区块的需求和实际情况动态调整优先级。这种方法更加灵活,能够根据不同情况作出调整,但也可能导致频繁的任务重新分配,增加了计算和控制的复杂度。

```cpp
void dynamicPriorityScheduling(int numDrones, int numBlocks){
    vector<int> drones(numDrones);
    vector<int> blocks(numBlocks);
    iota(blocks.begin(), blocks.end(), 1); // 区块编号从 1 开始
    unordered_map<int, int> dynamicPriority;
    for (int block : blocks){
        dynamicPriority[block] = block; //初始化动态优先级
    }
    for (int drone : drones){
        auto compare = [&](int a, int b){
            return dynamicPriority[a] < dynamicPriority[b];
        };
        sort(blocks.begin(), blocks.end(), compare); // 根据动态优先级排序
        cout << "Drone " << drone << " sprays Block " << blocks[0] <<
```

endl;
```
        dynamicPriority.erase(blocks[0]);
    }
}
```

3. 基于遗传算法的调度策略

利用遗传算法优化无人机任务分配,通过迭代寻找最优任务分配方案。遗传算法包括初始化种群、选择、交叉和变异等操作,最终得到最佳任务分配方案。

【例 5-3】 以农业无人机为例,假设有 10 个区块的农田需要进行农药喷洒。无人机具备每天喷洒 1 个区块的能力。现有 4 架无人机可供分配任务。基于遗传算法的调度策略求解任务分配结果。

思路:

(1)初始化种群,包括无人机和农田区块的染色体。
(2)评估每个染色体的适应度,即农药喷洒的完成时间和效率。
(3)选择适应度较高的染色体进行交叉和变异操作,生成新一代种群。
(4)重复步骤(2)和步骤(3),直至满足停止条件。

结果: 在满足停止条件后,找到最优的任务分配方案。

解答: 基于遗传算法的调度策略通过进化过程,寻找最优的任务分配方案。遗传算法通过模拟生物进化过程,以染色体编码表示任务分配方案,通过选择、交叉和变异等操作,不断优化任务分配方案,直至达到停止条件。

```
//基因编码
vector<int> encodeSolution(vector<int> droneAssignments){
    return droneAssignments;
}
//适应度评估
double evaluateFitness(vector<int> solution){
    // 计算完成时间和效率等
    return fitnessValue;
}
//遗传算法主函数
vector<int> geneticAlgorithm(int numDrones, int numBlocks){
    vector<vector<int>> population = initializePopulation();
    while (! stopConditionMet()) {
```

```
        vector<double> fitnessScores;
        for (vector<int>& solution : population){
            fitnessScores.push_back(evaluateFitness(solution));
        }
        vector<vector<int>> newPopulation = selectCrossoverMutate(population, fitnessScores);
        population = newPopulation;
    }
    return bestSolution;
}
```

4. 基于多目标优化的调度策略

采用多目标优化方法,可以同时考虑任务分配的多个目标,如任务完成时间、无人机能耗、任务成本等,求解最优任务分配方案。

【例 5-4】 以农业无人机为例,假设有 10 个区块的农田需要进行农药喷洒。无人机具备每天喷洒 1 个区块的能力。现有 4 架无人机可供分配任务。基于多目标优化的调度策略求解任务分配结果。

思路:
(1)定义多个目标函数,如农药喷洒时间、无人机使用率等。
(2)利用多目标优化算法(如遗传算法、粒子群算法等)求解最优任务分配方案。

结果: 在满足停止条件后,找到兼顾多个目标的最优任务分配方案。

解答: 基于多目标优化的调度策略考虑了多个目标,如农药喷洒时间和无人机使用率等。通过定义多个目标函数,并利用多目标优化算法求解,可以找到兼顾多个目标的最优任务分配方案,从而提高任务完成效率。

```
//目标函数
pair<double, double> objectiveFunction(vector<int> droneAssignments){
    //计算农药喷洒时间和无人机使用率等目标值
    return make_pair(sprayTime, droneUtilization);
}
//多目标优化的遗传算法主函数
vector<vector<int>> multiObjectiveGeneticAlgorithm(int numDrones, int numBlocks){
    vector<vector<int>> population = initializePopulation();
    while (!stopConditionMet()){
        vector<pair<double, double>> fitnessScores;
```

```
        for (vector<int>& solution : population){
            fitnessScores.push_back(objectiveFunction(solution));
        }
         vector<vector<int>> newPopulation = multiObjectiveSelectCrossover
Mutate(population, fitnessScores);
        population = newPopulation;
    }
    return paretoOptimalSolutions;
}
```

5.5 任务协同控制

无人系统任务规划中的任务协同控制是指多个无人系统之间协同工作,共同完成复杂任务。这种协同控制涉及多个无人系统之间的通信、协调、合作以及资源共享,旨在提高系统整体的性能、效率和灵活性。

无人系统中的多机器人任务协同是指通过多个机器人之间的协作,共同完成复杂的任务。多机器人任务协同在无人系统领域具有重要的意义,不仅可以提高任务的执行效率、扩展任务范围、增强系统鲁棒性,而且能够应对紧急情况和复杂环境。

多机器人任务协同需要解决的主要问题包括任务分配、路径规划、冲突解决和信息交流等。下面将详细介绍这些问题及其解决方法。

首先,任务分配是多机器人任务协同中的关键环节。任务分配需要根据任务的性质和需求,将任务合理地分配给不同的机器人。每个机器人可能具有不同的能力、传感器和执行机构,因此任务分配应该根据机器人的特性进行匹配和分配。例如,某个任务可能需要高速移动的机器人完成,而另一个任务可能需要携带特定设备的机器人执行。任务分配可以采用启发式算法、遗传算法等方法,这些方法能够根据任务和机器人的特性进行匹配和分配。

其次,路径规划是多机器人任务协同中的另一个关键环节。在执行任务过程中,每个机器人需要规划自己的路径,以便按时到达指定位置并完成任务。路径规划需要考虑机器人之间的碰撞避免、障碍物避让以及任务的优先级和约束条件。路径规划可以采用基于图论的算法,如 A* 算法、Dijkstra 算法等实现,也可以采用协同路径规划算法,使得多个机器人能够相互协作、共享路径信息,以提高整体效率。

冲突解决是多机器人任务协同中的一个重要问题。在执行任务过程中,机器人之间可能会出现冲突,例如碰撞、资源竞争等。冲突解决需要根据任务和机器人的特性,确定合适的冲突解决策略。例如,在发生碰撞冲突时,可以采用避让策略,让机器人绕开对方,避免碰撞。在发生资源竞争冲突时,可以采用协商策略,通过交流和合作来分配资源。为了有效解决冲突,可以采用博弈论、优化算法等方法,对机器人之间的冲突进行建模和分析,从而找到合适的冲突解决方案。

当涉及博弈论时,一个经典的例子是"囚徒困境"(Prisoner's Dilemma)。

【例 5-5】 假设有两名囚犯 A 和 B 被捕,警察将他们分开审讯,并向他们提供以下选择。

(1)如果 A 和 B 都保持沉默,那么每人将被判定为犯罪事实不足,每人将被判刑 1 年。

(2)如果 A 供出 B,而 B 保持沉默,那么 A 将被免除处罚,而 B 将被判 10 年监禁。

(3)如果 B 供出 A,而 A 保持沉默,那么 B 将被免除处罚,而 A 将被判 10 年监禁。

(4)如果 A 和 B 都供出对方,那么他们每人都将被判 6 年监禁。

解答思路:囚徒困境是一个典型的博弈论问题,其中每个囚犯都面临合作和背叛的选择。理性的囚犯会试图最大化自己的利益。在这个例子中,每个囚犯都面临两个选择:合作(保持沉默)或者背叛(供出对方)。

以下是一个简单的基于博弈论思想的囚徒困境问题的伪代码实现。

```
int prisonerDilemma(int choiceA, int choiceB){
    int sentenceA, sentenceB;
    if (choiceA == 1 && choiceB == 1){
        sentenceA = 1;
        sentenceB = 1;
    } else if (choiceA == 1 && choiceB == 2){
        sentenceA = 10;
        sentenceB = 0;
    } else if (choiceA == 2 && choiceB == 1){
        sentenceA = 0;
        sentenceB = 10;
    } else{ // choiceA == 2 && choiceB == 2
```

```
            sentenceA = 6;
            sentenceB = 6;
    }
    return sentenceA + sentenceB;
}
```

```
//示例调用
int result = prisonerDilemma(1, 1); // A 和 B 都保持沉默
cout << "Total sentence for both: " << result << " years" << endl;
...
```

  这段伪代码通过将囚徒困境问题转化为函数调用的方式,以便计算每个囚犯选择后的总刑期。在实际应用中,需要更复杂的算法来解决囚徒困境问题,例如利用博弈论中的纳什(Nash)均衡概念等。

  信息交流是多机器人任务协同的基础和关键。机器人之间需要实时交流信息,包括任务状态、传感器数据、路径规划等。通过信息交流,机器人能够共享知识、协调行动,从而更好地完成任务。为了实现信息交流,可以采用无线通信技术,如 Wi-Fi、蓝牙等,还可以采用分布式算法和协议,以确保信息的可靠传输和合理利用。例如,可以使用广播和多播技术,将信息发送给周围的机器人;还可以使用分布式一致性算法,实现对信息的可靠传输和共享。

  除了上述问题,多机器人任务协同还需要考虑系统的鲁棒性和容错性。在复杂环境和不确定性条件下,机器人可能会受到干扰、故障或其他意外情况的影响。为了提高系统的鲁棒性和容错性,可以采用多机器人编队技术、自适应控制算法等方法。通过编队技术,机器人之间可以形成紧密的协作关系,相互支持和补充;通过自适应控制算法,机器人可以根据环境的变化调整自身的行为和决策。

  【例 5-6】 考虑一个温度控制系统,目标是维持某个房间的温度在设定的目标温度附近。系统有一个加热器和一个冷却器,它们可以调节房间内的温度。设计一个自适应控制算法,使得系统能够根据外部环境和房间内部温度变化来调整加热器和冷却器的操作,以维持目标温度。

  思路:

  (1)采集数据。首先需要采集外部环境和房间内部温度的数据。

  (2)建立模型。基于采集到的数据,建立一个反映系统动态特性的数学模型。

（3）设计控制算法。根据房间的温度控制器件，结合数学模型，设计一个合理的算法框架。

（4）实时调节。在系统运行过程中，实时采集环境温度数据，根据控制算法进行调节。

伪代码：以下是一个简单的自适应控制算法的伪代码。

```
//初始化参数
double targetTemperature = 25.0; //目标温度
double heaterOuts = 0.0; // 加热器输出
double coolerOuts = 0.0; // 冷却器输出
//主循环
while (true){
    //采集环境和室内温度
    double externalTemperature = getExternalTemperature(); // 读取外部温度
    double roomTemperature = getRoomTemperature(); // 读取房间内温度
    //计算温度差
    double difference = targetTemperature - roomTemperature;
    //计算控制量(加热器和冷却器输出)
    doubleOuts = adaptiveAlgorithm(difference);
    //根据控制量调节加热器和冷却器输出
    if (Outs l > 0) {
        heaterOutput += difference;
        coolerOutput = 0.0;
    } else{
        heaterOutput = 0.0;
        coolerOutput -= difference;
    }
    //执行控制动作
    ControlAction(heaterOutput, coolerOutput);
    //等待一段时间后继续循环
    sleep(1); //等待1秒钟
}
```

多机器人任务协同在无人系统中具有重要的作用。通过任务分配、路径规划、冲突解决和信息交流等技术手段，机器人能够相互协作、共同完成复杂的任务。多机器人任务协同不仅能提高任务的执行效率，还能应对复杂环境和紧急情况,扩展无人系统的应用领域。随着人工智能和机器人技术的不断发展,多机器人任务协同将进一步得到改进和完善,为无人系统的发展带来更多机遇和挑战。

5.6 无人系统决策的自主性与人工干预

无人系统决策的自主性是指它能够在一定程度上独立执行任务,无须持续的人工干预。自主性的发展旨在提高系统对复杂环境的适应能力和执行任务的效率。与此同时,人工干预作为一种补充,仍然是确保系统在特定情境下安全和有效运行的关键因素。自主性可以通过各种传感器和算法来实现,例如计算机视觉、机器学习和人工智能等技术。当无人系统遇到问题时,它可以自主地作出决策并采取相应的行动。另一方面,人工干预指的是人类对无人系统的控制和指导。在某些情况下,无人系统可能无法自主地完成任务,或者需要人类的帮助才能解决问题。人工干预可以通过远程控制、手动操作或其他方式来实现。

在无人系统中,自主性和人工干预都是必要的。自主性可以提高效率和准确性,并减少人工干预的需求。然而,在某些情况下,人工干预可能是必要的,例如在紧急情况下或当无人系统遇到无法解决的问题时。

因此,在设计和使用无人系统时,需要平衡自主性和人工干预的需求,以确保系统能够高效、准确地完成任务,并在系统需要时能够得到适当的人工干预。

5.6.1 无人系统决策的自主性

在无人系统中,决策自主性的体现包括以下几点。

1. 感知与决策

通过高度智能化的感知系统,无人系统能够自主地感知和理解环境,并作出相应的决策,包括利用传感器获取信息、实时地分析数据、规划路径等。这种自主性的实现得益于先进的感知技术。而这些先进的感知技术使得无人系统能够以更为精确和全面的方式感知周围环境。传感器网络的部署使系统能够收集多样化的数据,涵盖可见光、红外线、激光雷达等不同频谱范围,从而能够在不同光照、气候和地形条件下实现全天候的感知。无人系统在获得环境信息后,需要进行路径规划和任务规划,以实现目标。规划技术主要包括运动规划、任务规划和策略规划等。通过实时数据分析和处理,无人系统能够快速而准确地识别障碍物、目标物体,进而规划最优路径,使其具备在复杂、动态环境中作出自主决策的能力。这种感知和决策的一体化过程为无人系统的高度自主性奠定了基础,使其能够执行多样化的任务,从而在各类应用场景中展现出卓越的灵活性和效能。

2. 任务规划与执行

无人系统可以自主地制定任务规划,并在执行阶段自动调整策略以适应环境的变化。这使得系统能够独立完成一系列任务,范围从简单的路径规划到复杂的多机器人协同工作。这种自主性的特征使得无人系统能够在执行任务规划的过程中灵活应对多变的环境条件。通过先进的感知技术和智能决策算法,无人系统能够实时感知并解释环境中的变化,并在执行阶段动态调整任务规划策略以适应这些变化,学习技术可以使无人系统在面临复杂环境和不确定情况时,具有较强的适应性和鲁棒性。这意味着系统具备在未知或复杂环境中进行实时决策的能力,无须人工介入。无论是简单的路径规划,还是涉及多个机器人协同工作的复杂任务,无人系统都通过自主地制定、执行和调整任务规划,展现出卓越的灵活性和高效性。这种自主性的特质使得无人系统在各个领域,包括探险、救援、军事和工业应用,都能够成为可靠的工具,提高任务执行的效率和成功率。

3. 学习与优化

无人系统的自主学习能力赋予其在复杂和多变环境中不断适应的智能性。通过对过去任务执行的经验进行学习,系统能够识别模式,调整决策算法,并不断优化自身的性能。无人系统具备一定的智能决策能力,可以根据当前的环境信息和任务需求,自主调整行动策略,以实现最优的性能表现,包括能源管理、任务分配、协同作战等。这使得无人系统能够更加灵活地应对新情境,减少对预设规则的依赖,从而提高在相似任务中的执行效率。在复杂环境中,多智能体协调技术可以使无人系统之间相互协作,共同完成任务。多智能体协调技术涉及群体控制、协同决策等方面。这种自主学习的能力为无人系统赋予了更高的适应性和智能性,使其能够更好地应对未知和动态变化的挑战。

5.6.2 无人系统决策的人工干预

无人系统的人工干预通常指在自动化系统出现异常或无法处理某些情况时,需要有人员对其进行干预,以便恢复系统的正常运行。

人工干预可以采用多种方式,包括远程操控、人工手动控制、自动切换到备用模式等。在某些情况下,人工干预可能是必要的,例如当自动化系统出现故障或无法处理某些意外情况时。

然而,人工干预也会带来一些挑战,例如可能会导致操作员疲劳、反应时间变慢、人为错误等问题。因此,在设计无人系统时,需要仔细考虑人工干预的必要性,并采取措施来最大限度地减少其对系统性能和操作员的影响。

尽管无人系统具备高度的自主性,人工干预仍然是必要的,特别是面临以下几种情况。

1. 复杂决策场景

尽管无人系统具备高度自主的感知和决策能力,但在面对极端或不确定的情境时,无人系统可能需要依赖人类的直观判断和决策支持。人类操作员可以提供对复杂情境的理解、道德判断和战略决策,作为系统自主性的有益补充。这种人机协同的方式在确保决策的准确性和适应性方面起到了关键作用,同时保障了系统在复杂任务中的稳健执行。无人系统与人类的有效协同将是未来研究和发展的重要方向,旨在充分发挥各自优势,共同应对多样化且动态变化的挑战。

2. 伦理与法规

在处理涉及伦理和法规问题的任务中,人工干预发挥着至关重要的作用,以确保系统的行为与社会价值观和法律法规保持一致。这种干预可以包括对任务规划和执行过程的监督,以及在无人系统需要时进行紧急干预以防止潜在的风险或不当行为。无人系统在执行任务时遵循伦理准则和法律框架,不仅有助于建立公众对技术的信任,还有助于保障其应用对社会产生积极影响。因此,人工干预成为维护无人系统行为合规性和社会责任的重要保障。

3. 突发事件处理

在紧急情况下,人工操作员的介入具有关键意义,他们能够快速作出决策以处理问题,保障系统和周围环境的安全。这种人工介入的灵活性和判断力是无人系统自主性的重要补充。操作员可以基于自身的直观认知和专业知识,对突发状况作出及时而精准的响应,从而弥补了无人系统在处理极端情境时可能存在的局限性。在确保任务执行的同时,人工操作员的参与也为应对未知风险和复杂环境提供了额外的保障。

在无人机领域,人工干预尤为重要。在无人机执行任务时,可能会面临恶劣天气、电磁干扰等不确定因素,此时需要人工干预以确保无人机的安全。此外,人工干预还可以帮助无人机优化航路、调整飞行姿态、实时避障等。

另一方面,人工干预在避免无人机侵犯他人隐私方面也起到关键作用。无人机在执行任务时,可能会涉及他人的隐私区域,通过人工干预,可以及时调整轨迹,避免侵犯他人权益。

综合而言,无人系统的自主性和人工干预相辅相成,共同构建了一个灵活、高效、安全的运行框架。无人系统通过自主决策和学习,能够独立应对日常任务,提高执行效率。然而,在面对复杂、不确定或涉及伦理与法规的情境时,人工干预的角色显得至关重要。人工操作员的判断和决策能力可以弥补无人系统自主性的局限性,确保任务被顺利完成,并保持与社会价值观和法规的一致性。这种平衡使得无人系统能够更好地适应多变的任务需求和环境,实现更全面、可靠的任务执行。

习题 5

1. 简述无人系统决策三个阶段的主要工作内容与意义。
2. 为什么无人系统自主性和人工干预都是必要的?
3. 简述遗传算法的步骤。
4. 简述粒子群算法的步骤。
5. 讨论题:现实生活中,法律可以从哪些方面保障个人隐私?如何防止无人系统的使用中有侵害个人隐私的行为?
6. 为什么说无人系统的人工干预是必要的?
7. 为什么说无人系统的自主性越高越好?
8. 讨论题:无人驾驶会引发哪些伦理问题,如何解决?
9. 简述蚁群算法的步骤。
10. 简述无人系统中全局路径规划与局部路径规划的作用与联系。
11. 简述智能决策算法在无人系统中的应用。
12. 无人系统中的多机器任务协同指的是什么?
13. 简述无人系统协同控制所面临的挑战及相应的应对方式。
14. 常见调度算法有哪些,这些算法的基本原理分别是什么?

第6章　无人系统任务规划案例

【本章目标】
1. 了解无人系统空中飞行器的任务规划。
2. 了解无人系统地面机器人的任务规划。
3. 了解无人系统空地异构任务规划。
4. 了解无人系统水下探测器任务规划。
5. 掌握无人系统多模态任务规划。

6.1　空中飞行器任务规划案例

6.1.1　多航天器轨道智能规划

多航天器轨道智能规划的核心思路与无人机群航迹规划相似,都旨在最大化访问目标、实现个体功能,并避免碰撞与障碍。然而,多航天器轨道规划面临一系列独特的挑战。首先,航天器的飞行速率大、惯性高,但机动灵活性较低。其次,航天器的轨道约束性强,机动能力有限,且通常具有不可逆性,重返周期较长。因此,多航天器轨道智能规划一直是航天技术领域的重点问题。

多航天器轨道智能规划主要有两种类型,分别为飞行轨道规划和避碰轨道规划。前者是指多航天器编组完成后,对在轨飞行并执行任务的整体规划过程,属于长距离路径规划问题。后者则是指航天器在执行任务过程中,需要避免与其他合作成员或非合作障碍物发生碰撞的短途路径规划问题。这两种规划类型涵盖了从整体轨道规划到局部避碰的全方位需求。

1. 飞行轨道规划

自20世纪90年代起,基于卫星技术的多航天器组合飞行概念备受关注。根据航天器相对运动状态的不同,多航天器飞行轨道规划可分为组网飞行轨道规划和编队飞行轨道规划,如图6-1所示。

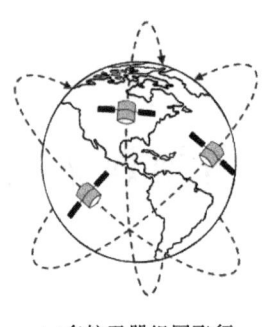 

(a)多航天器组网飞行　　　　　　　(b)多航天器编队飞行

图 6-1　多航天器飞行轨道规划

1) 组网飞行轨道规划。

组网飞行轨道规划是指多航天器在不同轨道平面飞行,各航天器轨道有所重叠,以实现有效扩大航天器的作用覆盖范围并缩短目标重访周期的目的。组网飞行轨道规划的主要因素如表 6-1 所示。

表 6-1　多航天器飞行轨道规划中的主要因素

因　素	影　响	规划准则
航天器数量	任务成本和任务覆盖能力	以较少的航天器满足任务需求
轨道高度	发射,任务覆盖变轨成本	成本与组网性能相互权衡
轨道平面数量	灵活性和任务覆盖能力	以较少的轨道数量满足任务覆盖需求
轨道倾角	任务覆盖的纬度分布	任务覆盖的维度分布和成本相互权衡
轨道平面相位	任务覆盖的均匀程度	以在各项独立相位中实现最优覆盖
偏心率	任务的复杂性、可达高度	除特殊任务需求外一般取零

多航天器组网飞行轨道规划主要以卫星组网为主,也被称为"星座",典型技术包括 GPS 导航规划技术、铱星星座规划技术和 Orbcomm 星座规划系统等。其中,GPS 导航规划技术目前较为成熟,其智能规划系统和优化算法备受关注。铱星星座规划技术较早实现了航天器组网中的星间链路技术,为多航天器航迹智能规划奠定了重要基础。Orbcomm 星座规划系统将多航天器组网飞行轨道规划分为轨道保持、在轨操作和轨道确定三部分,通过地面监控和全球网络控制中心对组网航天器进行轨道规划,实现多航天器间相对距离的稳定保持和任务需求变更时的轨道重规划。

2) 编队飞行轨道规划。

编队飞行轨道规划是指多航天器形成并保持一定几何形状,共同围绕地球周期性运转的轨道规划问题。这种规划方案具有成本低、性能与灵活性高、编队成员协同性好等优点。多航天器编队结构复杂,航天器功能齐全,任务性能和需求均较高,目前的主要成果有美德合作的重力与气候实验卫星(GRACE)、德国 Tandem-TerraSAR 编队卫星、我国天宫二号伴随小卫星等。

从规划参照系的角度来看,编队飞行轨道规划有两种类型,分别为绝对轨道规划和相对轨道规划。绝对轨道规划是一种导航式轨道规划方法,主要通过 GPS 等位置跟踪与测量系统对航天器编队成员进行独立轨道规划。这要求编队内所有航天器都具备精准的导航与规划能力。而相对飞行轨道规划是指在编队中主航天器绝对轨道规划的基础上,伴随航天器相对于主航天器进行的轨道规划,是目前航天器编队规划的主要手段。相对飞行轨道规划通常借助 C-W 方程等动力学模型或轨道根数差法运动学模型进行求解和优化。

在多航天器组网或编队飞行时(图 6-2),航天器常受到诸如地球非球形摄动、大气阻力摄动和太阳光压摄动等因素的干扰。林来兴等提出了一种多航天器编队同步轨道规划方案,能够在地球同步轨道摄动的影响下实现编队动力学的稳态仿真。Bevilacqua 等分析了摄动对编队中主航天器绝对轨道和伴随航天器相对轨道的影响,并改进了编队相对轨道规划动力学方程,取得了良好的规划效果。

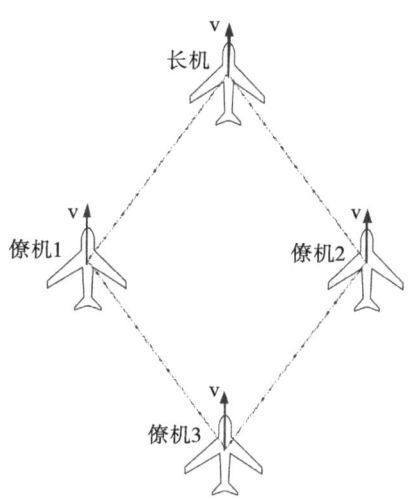

图 6-2　编队飞行

2. 避碰轨道规划

在多航天器编队飞行中,根据避碰对象不同,可以将多航天器避碰轨道规划问题分为两类:防止编队内航天器相互碰撞(防碰轨道规则)和防止与编队外障碍物发生碰撞（避障轨道规则）。

1）防碰轨道规划。

防碰轨道规划涉及多航天器在飞行过程或队形调整中避免相互碰撞的问题。由于航天器具有质量大、飞行速度快、轨道机动响应速度慢、碰撞成本高等特点，多航天器编队防碰轨道规划一直是轨道规划的重点。

王辉等指出，多航天器编队在队形重构和失效重组时，发生碰撞的概率最高。他们利用数学规划方法研究了多航天器的避碰准则、规避策略和规划方法，实现了避碰路径规划中最小燃料消耗的性能指标。Amico等利用相对偏心率和相对轨道倾角矢量描述了多航天器编队的相对运动方式，通过使其平行来确保航天器在法向和径向上具有安全距离，从而开发了一种被动式航天器编队避碰规划系统。Izzo等在国际空间站的MITSpheres平台上建立了基于行为的航天器模型，利用粒子群算法进行航天器模型编队规划，取得了微米级的距离和角度精度效果。

2）避障轨道规划（图6-3）。

避障轨道规划涉及多航天器在飞行过程中遇到非合作的障碍物时调整轨道和飞行状态以避免碰撞的问题。由于非合作障碍物的运动和结构具有偶然性和不确定性，可能给多航天器编队带来较大的碰撞风险，因此近年来避障轨道规划备受关注。

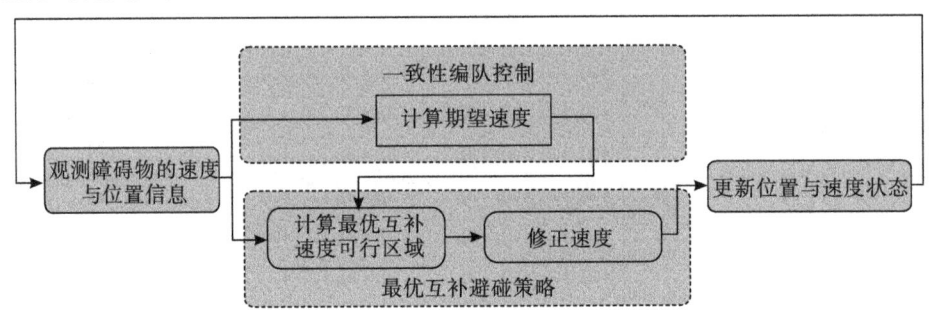

图6-3 避障轨道规划

在多航天器开展避障轨道规划之前，需要对障碍物碰撞风险进行评估。目前，航天器障碍物碰撞风险评估主要采用Box区域判定法和碰撞概率判定法。

Box区域判定法以航天器为中心，定义了一定范围内的碰撞警报区。当监测到障碍物进入警报区时，会触发航天器的规避响应。虽然这种方法可以降低监测误差的影响并具有较高的安全性，但缺乏对碰撞风险的准确评估，容易导致较高的虚报率和频繁的轨道机动，从而降低了燃料使用率和任务执行效率。

为了解决这一问题，学者们引入了碰撞概率评估方法，通过随机分析对碰撞概率进行准确评估，为航天器避障轨道规划提供可靠依据。

目前，多航天器避障规划研究主要集中在 2～3 个航天器编队任务中，对于多航天器复杂构型编队的协同避障研究相对较少。一些研究提出了基于聚集、驻留、避让行为的多航天器编队避障规划模型，在动态障碍影响下表现出良好的效果。此外，在多航天器编队通信受限情况下，也开展了智能规划研究，以实现航天器编队分布式避障轨道。

综上所述，学者们对多航天器飞行轨道规划与避碰轨道规划进行了广泛的研究，为多航天器任务的智能规划提供了有力保障。

6.1.2 多航天器任务智能规划

多航天器任务智能规划涉及在多种约束条件下为各航天器智能分配任务、规避冲突的过程。如图 6-4 所示，与无人机群任务规划不同，多航天器任务智能规划包含了更多与实际问题相关的特定约束，例如，多个航天器轨道计算与调整、航天器连续执行任务的时间间隔、航天器与地面目标可见时间窗口、航天器姿态调整次数和能量限制、航天器信息存储量以及航天器气象环境条件等，因此具有更大的问题规模和约束复杂性。从处理问题规模的方式来看，多航天器任务智能规划技术可以分为集中式任务规划和分布式任务规划两类。

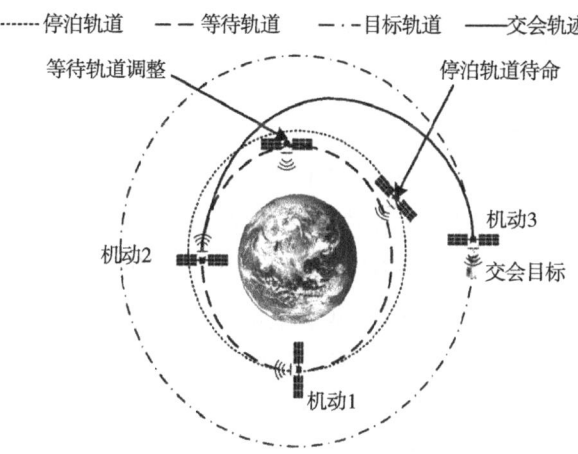

图 6-4 多航天器任务智能规划

1. 集中式任务规划

集中式任务规划是一种传统的规划模式，综合考虑了问题模型中的各项因素，并在全局范围内搜索最优解。这种方法有利于寻找全局最优解，在中小规模的任务规划中表现出高效和优质的规划效果,因此在多航天器任务智能规划中被广泛采用。

在对地观测系统规划问题中,研究发现采用优先级方法能够快速产生可行解,前瞻算法可以在有限时间内提高结果质量,而遗传算法虽然能够产生近似最优解,但求解速度较慢。美国国家航空航天局将多航天器协同规划抽象为约束满足问题,并设计了相应的系统。研究者们认为多航天器任务规划需要考虑多种复杂约束,并比较了不同算法在中小规模航天器任务规划中的效果。

在多航天器任务规划中,集中式模式下的地面管控中心能够统一规划和管理任务执行,具备获取全局最优解的能力。然而,随着资源与任务规模的扩大,地面离线式的集中式任务规划方法已无法应对多航天器在轨任务的挑战。因此,分布式任务规划技术成为未来多航天器任务规划研究的重要方向,综合考虑了航天器的高敏捷性、协同性和自主性特点。

2. 分布式任务规划

分布式任务规划是一种新兴的规划模式,相对于集中式规划,它采用了多智能体系统(MAS)技术和自主协同技术,实现任务分配的分布式完成。在多航天器智能规划领域,分布式任务规划方法有自主性、并行性、实用性等优势。分布式任务规划减少了航天器对地面管控中心的依赖,提升了自主性;降低了问题规模和响应层级,提高了快速服务能力(并行性);增强了资源配置的合理性,提升了系统的拓展性和鲁棒性(实用性)。因此,近年来,多航天器分布式任务规划引起了广泛关注。

在这一领域,一些研究提出了具体方法和框架。例如,开放地理空间联盟提出了传感器网络整合架构,并构建了基于传感器网络的标准平台。一些学者研究了复杂观测需求分解方法和约束关系描述模型,提出了基于分布式规划的多星协同观测方法,并建立了相应的原型系统。还有一些研究针对分布式多航天器自主协作的运行模式,提出了基于集覆盖理论的优化算法等。

尽管分布式任务规划技术具有自主性、并行性、规划效率以及较高的容错率等优点,但也存在一些挑战和不足,比如全局最优解难以获得、信息交互和计算量大、规划效果受策略与算法影响、故障诊断与排除难度大等。

因此,合理分析多航天器任务规划问题的特点,选择合适的集中式或分布式任务规划策略,对提升任务规划质量、效率和稳定性至关重要。

综上所述,随着航天器自主性水平和智能优化算法的发展,多航天器轨道与任务智能规划技术不断推进。未来,多航天器轨道与任务规划应向一体化发展,形成高协同性无人系统智能规划模式,以应对更高的自主性、协同性和敏捷性需求。

6.2 地面机器人任务规划案例

地面机器人在科技发展的推动下,成为智能无人作战系统中的重要组成部分。它们以多种形态呈现,大多数并非模仿人体结构,而是更像是一种专注于执行任务的机械装置,如无人驾驶的装甲车、坦克或火炮等。这些机器人配备了各种传感器和武器装备,拥有出色的机动性和作战能力,可以应对多样的任务和环境。

除了这类机械化的地面机器人外,还有一小部分采用仿生学原理设计的机器人,被称为仿生机器人。这些机器人通过模仿动物或人类的运动方式和功能,实现更为灵活的移动和交互。四足机器人、双足人形机器人、蛇形机器人等均属于这一类别,为地面机器人领域注入了更多的创新,并丰富了其多样性。

例如,美国在近些年推出的"Spotmini"系列四足机器人最为引人注目,如图 6-5 所示,该系列四足机器人常被用于军事攻击与侦察、清除战场路障、运输军用物资等领域;俄罗斯研制的"猞猁"仿生四足机器人,展现了在多样化作战环境中的高适应性,能够及时规避环境中的障碍物。

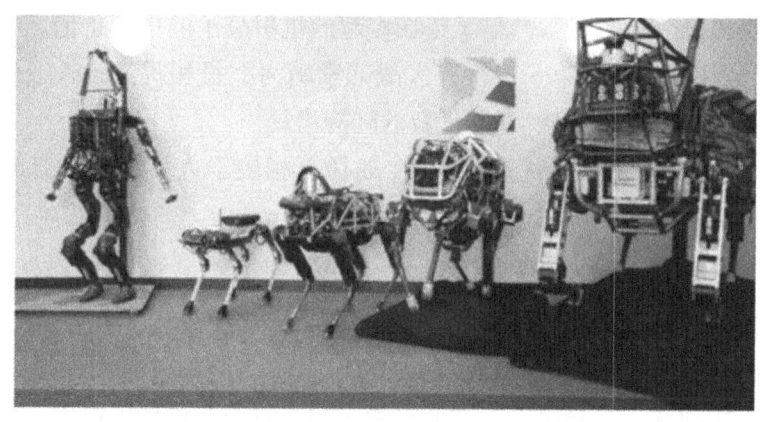

图 6-5 "Spotmini"系列四足机器人

随着全球科技的不断进步和局部冲突的发生,地面机器人产业在近年来呈现蓬勃的发展态势。这些机器人不仅在设计上展现出"十八般武艺",丰富的作战功能也使它们逐渐成为现代军事和安全领域不可或缺的力量。许多地面机器人已经投入战场,经受实战考验,展现出强大的执行力和作战效能。地面机器人的发展不仅在军事领域发挥重要作用,而且在应对紧急救援、探险勘察等民用领域得到广泛应用。它们的机动性、耐久性以及高度自主化的特点为各种任务提供了全新的解决方案,推动了现代机器人技术的不断创新和拓展。未来,地面机器人有望在更广泛的领域发挥作用,成为人类社会中一支不可或缺的技术力量。

据俄罗斯媒体报道,2015年12月,叙利亚政府军在拉塔基亚省攻打极端组织"伊斯兰国"武装分子占领的754.5高地时遇到了巨大的阻力。为了应对这一局势,俄罗斯军方决定投入先进的机器人技术,以协助叙利亚政府军发起冲锋。在这次行动中,俄罗斯军队部署了6台"平台—M"机器人和4台"暗语"机器人,它们被用于实施火力压制和侦察任务。当机器人进至距离敌方阵地100多米处时,它们迅速对各种可疑目标进行火力打击。面对武装分子的还击,机器人迅速确定了敌方火力点的位置,并将相关信息传送给指挥中心。

俄罗斯军队的地面机器人和无人机的协同作战发挥了重要作用,为指挥官提供了实时而精准的战场信息。在短短的20分钟内,机器人成功地帮助叙利亚政府军夺取了一直被武装分子顽强防守的754.5高地。这次成功的军事行动突显了现代机器人技术在战争中的实际应用和战术价值,为未来军事作战提供了有力的参考和启示。

在整个叙利亚战争中,论规模这只是一次不起眼的战斗,但它开启了地面机器人"组团"作战的先河,凸显了正在崛起的机甲战士的重要价值。有学者甚至将这次战斗的意义和第一次世界大战的索姆河战役相提并论——那次战役中,坦克第一次被投入实战,开创了新的陆战格局。

机甲战士身上有诸多优点,使其在战场上相较于人类战士具备独特的优势,因而备受各国军队青睐。

1. 机器人在战场上的优势

1)机器人的投入可以显著减少人员伤亡。现代武器装备的杀伤力巨大,而将机器人派遣执行危险任务可以有效保护人类士兵。即使机器人在执行任务中受损,对于部队士气和民众心理的影响也相对有限。机器人可以通过维修或再制造来重新投入使用,而人类士兵的生命却是不可替代的。

2)机器人能够适应各种极端环境。军用机器人拥有坚固的"钢铁之躯",不会感到恐惧、疲倦,也不受情绪的干扰,能够在高温、极寒、缺氧、有毒和辐射等恶劣环境中执行任务。相对于人类战士必须直面的生理限制,机器人显然更具适应性。

3)机器人具有成本优势。尽管军用机器人在研制阶段可能需要投入较多经费,但从长远来看,它们具有综合成本优势。随着新材料和新技术的应用,机器人的制造和维护成本逐渐降低。研究表明,在 2008—2018 年的十年间,机器人装备的成本平均下降了 27%,而预计到 2025 年这一趋势还将继续。

4)机器人具有群体作战的优势。与有人系统不同,机器人可以与指挥控制系统进行信息交互,实现群体协同作战。它们能够忠实地执行指令,通过信息共享和协同行动,最大程度地发挥整体战斗力。

机器人在战场上的独特优势使其成为现代军事中不可或缺的一部分。自从机器人"参军"以来,其效用和威力逐渐显现。如今,地面机器人的应用已经深入战场很多领域,包括排雷排爆、侦察监视、运输保障、直接用于战斗,以及执行其他复杂任务。

2. 地面机器人在战场上的应用

1)排雷排爆。此类地面机器人装备有特殊的"机械手",主要用于排除或销毁可疑爆炸物,能在复杂地形中代替人类士兵对地雷等进行探测、拆除、转移和销毁。例如,美军的"背包"机器人在阿富汗排除了多起"路边炸弹"威胁。该机器人全重 18~24 千克,能装在背包里由单兵携带,灵活性和实用性较强。俄军"天王星"—6 扫雷机器人也曾在叙利亚战场执行排雷任务。

2)侦察监视。此类机器人装备有摄像头、窃听器等高性能传感器,一般体型较为小巧,便于隐蔽,主要用于深入敌方进行侦察、监视。例如,以色列研制的全地形侦察机器人,又被称为"机器蛇",能轻松进入洞穴、隧道、裂缝和建筑物。顾名思义,它主要模仿蛇贴地爬行,隐蔽性强,能秘密到达目的地,将图片、声音等情报信息传递回来,在城市作战和地下空间作战中具有较大优势。韩国的机器人哨兵,装备了热传感器、运动传感器等多种探测设备,可全天候监视数千米范围内的目标。

3)运输保障。此类机器人主要用于帮助士兵携带作战物资,执行运输保障任务。美军的"大狗"机器人,全称为"步兵班组支援运输机器人",不过人们更习惯称之为"机器骡子"。作为一种大型仿生机器人,它像骡马一样有"四条腿",可以驮着数百千克物资在泥地、山坡等路况下行走,并在受外力冲击后还能自行调整以保持平衡。美国正在研制的多用途"猎人—狼"则是一种 6 轮驱动机器人,它采用油电混合动力,重 1.1 吨,载重 450 千克。

4)直接用于战斗。这类机器人通常装备有机枪、火炮等武器,主要用于直接对敌方目标发起攻击。例如"平台—M""暗语"战斗机器人就属于此类。俄军的"天王星"—9机器人,可根据任务需要配备机枪、机炮、反坦克导弹、肩扛式防空导弹等武器,已经在叙利亚战场接受实战检验。

事实上,很多排爆、侦察、运输机器人都可以通过加装武器成为战斗机器人。例如"魔爪"机器人,最初被用来排爆,如果将其拆弹装置换成遥控武器,它就成为"利剑"战斗机器人。再如"猎人－狼"机器人加装30毫米链式机关炮后,就成为武装版"猎人－狼"机器人。此外,典型的战斗机器人还有以色列的"毒蛇"机器人、英国的"德米斯"机器人等。

5)执行其他复杂任务。此类机器人的典型代表是仿人形机器人。双足人形机器人研制难度高于四足和履带/轮式机器人,例如美国的"阿特拉斯"和俄罗斯的"费多尔"机器人。"阿特拉斯"机器人行走时与人类相似,还能搬箱子、单腿站立、倒地后自行爬起、越过障碍。与"阿特拉斯"机器人侧重于下肢运动不同,"费多尔"机器人更侧重于上肢尤其是双手的运动。"费多尔"机器人能骑摩托车、驾驶汽车、摔倒后自己爬起、焊接电路、精准射击。2019年8月,"费多尔"机器人乘坐"联盟"号飞船进入太空,协助宇航员完成一系列工作。

尽管如此,专家普遍表示,因为续航能力、精准操控与平衡问题等尚未完全解决,人形机器人投入战场还有一段路要走。

除此之外,地面机器人还广泛应用于战场医疗救护、通信中继、教学科研等领域。随着技术进步和军事需求的"双轮"驱动,地面机器人将得到更广泛、更深入的应用。

3. 地面机器人的发展方向

从地面机器人的研制和应用进程看,今后较长时间内,地面机器人的发展方向较为明晰。

1)智能自主化。地面机器人是兵器智能化发展的重要表现,也是世界各国进行军事智能化竞争的主要"赛道",人工智能技术的提高将持续提升地面机器人的智能化程度,使其适应复杂多变的战场环境。自主性是机器人根据自身知识以及对外界的理解,在众多方案中独立作出选择的能力,最能体现机器人的智能化水平。例如"阿特拉斯"机器人经过多年发展,能自主完成的动作越来越多。它首次亮相时,步履蹒跚,走起路来经常摔倒,难以保持平衡;2016年,它能够在崎岖地形行走、攀爬;2017年,它能在不同高度箱子之间跳跃,完成后空翻,自主性持续提高。

2)功能多样化、模块化。当前,复杂战场环境和多样化军事任务正催生机器人成为"多面手"。越来越多的机器人将能按需加装不同模块,"定制"侦察、打击、保障等多种不同功能。这使得地面机器人在战场上具有更强的生存能力和作战效能,也有利于降低研制成本。例如俄罗斯的"涅列赫塔"多用途作战支援机器人系统,采用小型履带式底盘和模块化设计,安装不同模块后,可执行侦察、运输和火力支援等不同任务。

3) 型谱系列化。随着地面机器人研制种类和数量的增多,机器人呈现出家族化、系列化发展趋势,这既有利于机器人的维修、保养,也有利于提高机器人性能和适应不同任务。俄罗斯"天王星"系列机器人已经有"天王星"—6、"天王星"—9、"天王星"—14等型号,能执行火力打击、扫雷破障、消防灭火等任务。美国波士顿动力公司在2005年推出"大狗"机器人之后,又相继推出了LS3、"野猫"、Spot、Spot Mini等多款机器人,形成四足机器人系列。

4) 应用集群化。集群作战被认为是未来智能化作战的重要方式。地面机器人通过内部组网协作,实现专业化分工,链接为一个有机整体,能提高整体作战效能。首先,机器人的种类多,能拓展功能范围;其次,多个机器人协作能提高工作效率;再次,多个机器人能相互提供"备份",提高整体容错能力。例如,俄罗斯最新研发的"木船"机器人系统可以使用1个指挥台,通过1个信息网络,控制5种不同型号、不同功能的机器人,就是在朝着应用集群化方向发展。

6.3 空地异构任务规划案例

智能化战争的崛起已经到来,智能无人装备,如地面无人车(UGV)、无人机(UAV)等,已经成为战场上不可或缺的重要作战力量。然而,由于单一种类无人装备在工作方式、工作空间和载荷性能等方面存在一定限制,其功能相对有限,往往难以单独完成复杂多样的作战任务。因此,以空地异构无人系统为代表的异构系统应运而生,该系统由各种不同类型的无人机和地面无人车组成,能够充分结合空中和地面无人系统的优势,实现协同作战,更好地释放整体体系的作战效能,成为适应未来战场的必然选择。

在城市作战背景下,研究人员张国辉着眼于空地异构无人系统的侦察任务规划问题,为了有效应对城市环境下的复杂情况,提出了一套独特的规划策略。首先,他对无人机和无人车的路径规划问题进行了独立研究,通过路径规划得到了任务分配的路径代价、时间代价等基本条件。然后,基于这些基本条件,他深入研究了空地异构无人系统的侦察任务分配方法,旨在通过协同作战提高系统的整体效能。

这种空地异构无人系统的研究和应用,不仅有助于克服单一种类无人装备的局限性,还能够更灵活地应对城市战场的多变环境。通过整合各种无人系统,实现协同作战,提高作战效能和适应性,为未来战争的发展提供有力的支持和解决方案。

确保单无人平台的航程路径安全,是空地异构无人系统协同规划的前提,因此,本书首先研究有多个威胁区约束的城市作战条件下,无人机和无人车的路径规划问题。以下将使用最著名的路径规划算法——A^*算法对其进行路径规划。

1. 无人机路径规划策略

1)路径扩展点选择。

将无人机直线航迹与威胁区圆的切点作为 A^* 算法的下一步扩展点,如图 6-6 所示,起始点位置为 P_s,目标点位置为 P_e,在无人机起飞位置和目标位置之间存在位置为 P_i,半径为 R_i,以及位置为 P_j,半径为 R_j 的两个威胁区。从图 6-6 可以看出,有若干条路径可以绕过威胁区到达目标点位置。在 A^* 算法中,将图如 6-6 所示的威胁区的若干切点加入 OPEN 表,作为下一步的路径待选扩展点。

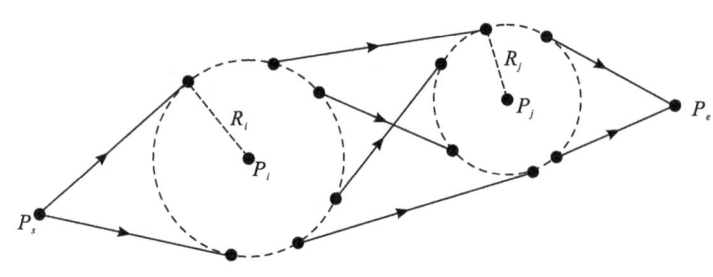

图 6-6 拓展点选择

2)无人机 A^* 路径规划算法步骤。

步骤 1:首先将起始点作为路径扩展点,生成到目标点 P_e 的路径。如果此路径不经过威胁区域,则将目标点 P_e 加入 CLOSE 表中,构成一条从起始点到目标点的路径曲线,算法运行结束。如果此路径经过威胁区,则根据上述方法生成当前路径扩展点到威胁区的多条路径。

步骤 2:通过 A^* 算法计算并选出代价值最小的点作为下一步的路径扩展点,将此路径扩展点加入 CLOSE 表中,直到到达目的点,构建出完整路径。

步骤 3:将步骤 2 中选取的路径扩展点作为当前位置,然后重新执行步骤 1,之后重复上述过程不断产生新的路径扩展点。算法流程如图 6-7 所示。

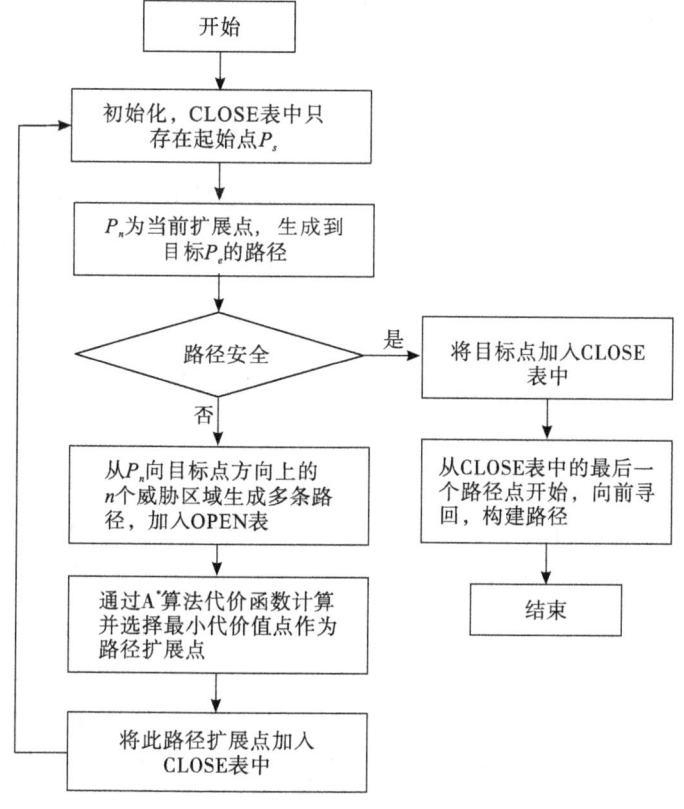

图 6-7 A* 路径规划算法流程

2. 无人车路径规划策略

无人车在城市环境中将城市路网作为可行路径进行路径搜索。在作战场景下无人车需要侦察的目标对无人车具有一定威胁,在抵近侦察目标和侦察结束撤离的过程中,无人车要能够尽快离开威胁区,提升无人车的存活概率。无人车路径搜索不仅要找到距离较短的路径,还要规避非此次任务目标的威胁区。

为了在城市路网中搜索出满足条件的最优行驶路线,采用 A* 启发式搜索算法。设定代价函数表达式为

$$f(n) = g(n) + h(n) \qquad (6-1)$$

式中,$f(n)$ 指的是从初始节点经由状态 n 到目标节点的代价估计,$g(n)$ 是在空间中从初始节点到节点 n 的实际代价,$h(n)$ 是从节点 n 到目标节点的最佳路径的估计代价。

$$g(n) = dis(n) + \mu \cdot threat(n) \qquad (6-2)$$

式中,$dis(n)$ 为从开始节点到节点 n 的最短路径的代价,μ 为威胁代价系数,函数

$threat(n)$ 为从开始节点到节点 n 的威胁代价,路径 $path$ 的威胁代价如式(6-3)所示。

$$threat(n) = \sum_{j=1}^{N_T} \begin{cases} Threat_j^G \cdot \int_{d_{j,n}^{\min}}^{d_{j,n}^{\max}} \frac{R_j^G}{x} dx, path_n \cap Othreat_j \neq \emptyset \\ 0, path_n \cap Othreat_j = \emptyset \end{cases} \quad (6\text{-}3)$$

式中,N 为目标总数,$Threat$,$Othreat$ 分别为目标对地威胁系数和目标形成的对地威胁区的集合,$d^{\min}$ 和 $d^{\max}$ 分别为路径 $path$ 到威胁区中心坐标 P 的最近距离和最远距离。

6.4 水下探测器任务规划案例

国内外高度重视海洋科学技术装备的研发,制定了一系列科技发展计划和中长期规划,以支持高端海洋科考船、海洋观测设备、海洋探测平台的建设。随着海洋研究领域向深远海和南北极拓展,智能化、自动化、高端化的海洋科学技术装备面临新的挑战。未来 15 年被视为高端海洋科学技术装备发展的关键时期。我们需要全面审视海洋科学技术装备的现状,识别我国相关装备的短板和不足,并思考我国海洋科学未来的发展方向和策略,以期为我国海洋科学技术装备的快速稳健发展提供理论支持。通过学习和应用无人系统任务规划的基础理论,可以更好地将其应用于水下探测器(图 6-8)等高端海洋科学技术装备的任务规划过程。不仅有助于提高任务执行的效率和安全性,而且可以为未来水下科学研究提供更加可行和先进的技术手段。

图 6-8 水下探测器

6.4.1 海洋科考船

美国目前拥有世界上数量最多、设备最先进的海洋科考船队,包括16艘全球级科考船、23艘大洋级科考船、6艘地区级科考船和6艘当地级科考船。例如,"斯库里奥克号"极地科考船配备了艏侧推器,静水最大航速为26.3 km/h,破冰等级为PC5,自持力为45 d。欧洲也拥有数量庞大、设备先进的科考船队,英国有3艘大洋级科考船,法国有4艘大洋级科考船,德国有全球级新型综合科考船。英国"RSS大卫·阿滕伯勒爵士号"极地科考船的破冰等级为PC4,静水最大航速为31.9 km/h,自持力为60 d;该船配备了专业科考仪器和设备,用于大气、海洋、海底圈层的科考研究。此外,日本"Kaimei号"海洋科考船续航能力为1.67×10^4 km,航速约为22.22 km/h,配备了动力定位系统、3000 m长4缆三维地震测量系统、12000 m温盐深剖面仪装置,以及3000 m级无人缆控深潜器(ROV)海底资源取样装置等设备,可用于海底资源分布、生态环境调查,以及大气及海洋环境变化的科考研究。

6.4.2 水下移动式观测装备

水下移动式观测装备一般分为载人深潜器(HOV)、遥控潜水器(ROV)、无人自主式深潜器(AUV)、水下滑翔机等,可以搭载不同类型的传感器和采集设备,对海面到海底大范围区域进行详细探测。

1. 无人缆控深潜器

无人缆控深潜器是一种通过缆绳与母船相连,在深海中执行任务的装置。美国的"Jason号"ROV就是一款典型的无人缆控深潜器,其设计和性能使其能在深海科学研究、资源勘探等领域发挥关键作用。

"Jason号"ROV的独特之处在于其先进的技术配置和多功能性。首先,它采用高耐压浮力材料,在深海环境中能够保持稳定的悬浮状态,从而更好地执行各种任务。其最大下潜深度达到6500 m,为深海科学研究提供了广泛的应用空间。

在任务执行方面,"Jason号"ROV配备了声呐、影像、照明和数字采样系统,具有高精度的水下探测和采样能力。这意味着它能够在深海中获取精准的数据和样本,有助于科学家深入了解深海环境、生物和地质特征。

其累计下潜作业超过1000次,平均下潜作业时长为21h,最大下潜作业时长更是达到了100h。这表明"Jason号"ROV具备良好的稳定性和持久性,能够在深海中进行较长时间的科学研究和勘探任务。

此外,其他国家的代表性装备,如法国的"Victor6000" ROV、英国的"Demon"和"Venom"系列ROV,以及日本的"Kailo" ROV等,也在深海科学研究中发挥着不可替代的作用。这些先进的无人缆控深潜器的使用,推动了深海科学的发展,为人类对地球深层环境的认知提供了宝贵的数据和样本。

2. 无人自主式深潜器

无人自主式深潜器,如自主水下机器人(Autonomous Underwater Vehicle, AUV),是一类具有水下自主航行和探测能力的先进装置。在军事领域,这类深潜器展现出了巨大的应用潜力,引起了世界各海洋强国的高度关注。美国的"Sentry号"和"REMUS号"深潜器是该领域的代表性装备。

"Sentry号"深潜器具有卓越的技术特点。其设计下潜深度可达6000 m,通过智能算法实现对深潜器的精准控制,使其能够规避水下障碍物,实现水下完全自主航行。这意味着"Sentry号"不仅可以在水下独立执行任务,还可以与其他载人潜水艇(Human Occupied Vehicle, HOV)或AUV协同作业,展现了其出色的协同能力。

相较之下,"REMUS号"深潜器作为一种多任务小型潜水器,具有更小的体积和重量、更低的能耗以及更强的续航能力。它能够携带远程环境监测装置,为水下环境的实时监测提供便利。目前,"REMUS号"已经形成谱系化的装备体系,广泛应用于不同的水下任务。

这些无人自主式深潜器的应用不仅在军事领域有所突破,同时在科研、资源勘探等领域也展现出了广泛的应用潜力。它们的独立性、灵活性和高度智能化使其成为深海科学研究的得力助手,为人类对深海环境和资源的深入探索提供了强大的支持。

3. 水下滑翔机

水下滑翔机是一种先进的水下移动式观测装备,其独特的工作原理在海洋探索中展现出卓越性能。它通过调整净浮力和姿态角度来获得推进力,具备极低能耗、高效率、强大的续航能力、低维护费用和可重复使用等优点,因此成为长周期、大范围海洋探索的理想选择。

美国在水下滑翔机技术方面处于领先地位,已经开发了多个系列产品,如斯洛库姆、Spray、海洋滑翔机等。这些产品具备高可靠性和实用性,部分已经在商业领域得到应用。通过不断的技术创新和改进,美国水下滑翔机已在海洋科学和工业应用中发挥重要作用。

此外，法国的 ACSA 公司在水下滑翔机领域也取得了显著的成就。该公司于 2008 年发布了一种商业化的混合推动水下滑翔机，该滑翔机具有切换自主水下机器人和滑翔机工作模式的能力。结合水下声学定位系统，这款水下滑翔机可以实现水下自主定位，非常适用于长期海洋监测和冰下测量等任务。水下滑翔机作为一种创新性的水下观测工具，在海洋科学研究、资源勘探和环境监测等领域展现出了巨大的潜力，为推动深海探索和科学研究提供了重要支持。

6.4.3 海底观测网络

海底观测网络是指在海底安置多种观测仪器设备，对海水层、海底层、海底岩石层进行全天候、长期、动态、实时原位观测的平台。通常由海底观测节点和海岸基站组成，并通过电缆网络将它们连接起来形成系统，观测数据可用于自然灾害、气候变化、海洋生态系统的研究。

美国海洋观测网(OOI)是一种有缆长期观测网络，分为区域网、近岸网、全球网三部分。区域观测网由 880 km 长的海底光纤电缆连接 7 个海底主节点组成，近岸观测网和全球观测网由深海试验平台和移动式观测平台构成。OOI 实现了从海面到海底的立体观测、从厘米级到百米级的跨尺度观测、从秒级到年代级的跨时空观测，主要用于海洋化学循环、极端环境生命、海洋地质过程、海洋动力变化、海啸等关键性海洋过程的精确观测。

加拿大海底观测网络(ONC)也是一种有缆观测网络，包括维多利亚海底试验站和"海王星"海底观测网。维多利亚海底试验站为海洋观测技术和相关设备的原位试验提供了平台，同时配备了多类型传感器用于研究 300 m 水深范围内的海洋和生物作用。"海王星"海底观测网由 800 km 长的海底光纤电缆连接 5 个海底主节点组成，可对离岸 300 km，水深 20~2660 m 范围内的海洋环境进行长期、动态观测。ONC 重点开展对海底地质过程、生物过程、化学过程的长期、实时、连续观测，并在海气相互作用、海洋灾害监测、海洋污染监控、海洋资源勘探、海洋权益、海洋安全和海洋科技创新等方面发挥了重要作用。

欧洲海底观测网络(EMSO)是覆盖欧洲主要海域的科研观测网络系统，由海底及水体观测装备组成，包含 4 个浅海海底试验节点、11 个深海海底节点；对海洋水体、海洋生物、海底圈层及其相关作用过程进行长期、连续、实时观测，为海洋气候变化、灾害预测、生态系统研究提供数据。EMSO 的特色在于发展多学科、多目标、多时空尺度的海洋观测能力，但受限于经费、环境许可等因素，相关能力尚未完全建成，但部分节点已经处于运行状态，并获得了丰富的观测数据。

日本在其领海布设了地震和海啸观测密集网络(DONET、DONET2),在日本海沟构建了地震海啸观测网络(S-net)。DONET 包含了 22 个密集观测点,以有线方式连接在一起,实现了观测数据的实时传输。DONET2 通过复合缆将 2 个登陆点、7 个科学节点、29 个观测平台连接成实时观测网络。S-net 观测网络由 6 个子系统组成,将其连接在一起的复合缆线总长度约为 5700 km,覆盖海域面积达 2.5×10^5 km²,实现了每个里氏 7.5 级地震源区配置 1 个观测站的目标,提前地震预警 30 s,海啸预警 20 min。

我国海洋科学技术装备整体发展缓慢,尚未形成完善体系。目前,我国主要在部分重点方向上实施突破,力争构建多层次、多维度、多平台协同的海洋立体观测/探测能力。经过多年发展,我国"深海进入"能力明显增强,并逐步转向"深海探测""深海开发"新阶段。

6.4.4 海洋遥感卫星

我国海洋研究利用空间遥感起步较晚,2002 年,我国首次发射了"海洋一号"卫星,用于海洋水色探测。随后,进展迅速。2011 年,我国推出了配备星载铷原子钟和微波遥感器的"海洋二号"A 卫星(图 6-9),可全天候获取海洋动力环境数据,为灾害性海洋环境预警提供实测数据;2016 年,我国推出了配置 C 频段多极化合成孔径雷达的"高分三号"卫星,可监测全球陆地及海洋资源;2018 年,我国发射了"海洋一号"C 卫星、"海洋二号"B 卫星和中法海洋卫星,以及后续的"海洋二号"C、D 卫星和"观澜号"海洋科学卫星,组成网络运行,支持海洋灾害预警监测、海洋生态环境监测、极地海冰与航行保障等任务。

图 6-9 "海洋二号"A 卫星

6.4.5 海洋深潜器

近年来,我国在 HOV、ROV、AUV、水下滑翔机等方面的研究和应用均取得了较大进展,部分技术已达到世界先进水平。例如,"蛟龙"号 HOV 完成了潜深1000 m、3000 m、5000 m、7000 m 海试,2012 年,在马里亚纳海沟实验海区更是创造了下潜 7062 m 的载人深潜纪录,这表明我国 HOV 具备了全球 99.8%以上深海区域的潜水作业能力。

"海龙Ⅱ号"是我国自主研制的潜深 3500 米级 ROV,配备了动力定位系统、虚拟控制系统、摄像监控系统、图像声呐系统,机械手臂可提取质量为 250 kg的重物,水下航速约 5.56 km/h。"海龙Ⅲ号"是我国自主研发的潜深 6000 米级 ROV,具备水下自主巡航、重型设备作业能力,可在高温、高压、复杂地形等条件下开展海洋调查和科考作业。

关于"潜龙"系列 AUV,"潜龙一号"设计潜深为 6000 m,对海底微地貌、海底水文参数、海底多金属结核丰富程度进行探测;"潜龙二号""潜龙三号"潜深为 4500 米级,采用鱼形仿生结构来提高水下运动性能,搭载海底热液探测、海底微地貌探测、海底地磁力探测等高端设备,为深海海底矿产资源的勘探提供了有力支持。

水下滑翔机研制进展较快,具备了大规模应用条件。在作业性能方面,"海燕"系列水下滑翔机实现了无故障连续运行 141 d、连续航行 3619.6 km;在作业深度方面,"海燕"万米级水下滑翔机在马里亚纳海沟创造了下潜至 10619 m 的世界纪录,"海翼号"水下滑翔机实现了 7000 米级深度的连续观测;在协作与组网应用方面,实现了 12 台水下滑翔机的同步操控。

6.5 多模态任务规划案例

6.5.1 基于异质交互式文化混合算法的移动机器人路径规划

1. 移动机器人路径规划的数学描述

已知机器人环境任务地图中,任务点数不随时间变化而变化,同时机器人有足够能量和能力来完成所分配的任务,现需要在遍历任务点集合中找出一条经过每个任务点且仅经过一次的最短路径,最终回到起始任务点。设定 d_{ij} 表示任务点之间的距离,则总的路径长 $d = \sum d_{ij}$。机器人路径规划最优解是指最短的一条有效路径解。若不限定路径方向并除去循环冗余的路径条数,则其可行解空间大小为 $\frac{n!}{2n}$。计算复杂度随任务点数目增加呈指数增长,这是一个完全非确定性多项式问题。不失一般性,将机器人任务遍历规划模型建立为完全无向图形式,如式(6-4)所示,其中式(6-5)~(6-7)为约束条件。

$$\min f = \sum_{i=1}^{n}\sum_{j=1}^{n} d_{ij} y_{ij} \tag{6-4}$$

约束条件:

$$\sum_{i=1}^{n} y_{ij} = 1, j = 1,\cdots,n \tag{6-5}$$

$$\sum_{j=1}^{n} y_{ij} = 1, i = 1,\cdots,n \tag{6-6}$$

$$y_{ij} \in \{0,1\}, \forall (i,j) \in E \tag{6-7}$$

2. 异质交互式文化混合算法框架

基于知识的异质交互式文化混合算法(Heterogeneous Interactive Cultural Hybrid Algorithm,HICHA)被设计为一个复杂而协同的系统,主要包含三个关键组成部分,分别是上层知识进化空间、底层主群演化空间和辅助用户交互评价。这三个部分之间的相互作用构成了算法的核心框架,旨在充分发挥不同层级的优势,实现对任务规划系统的全面优化和智能化。

上层知识进化空间扮演着引领和指导的角色,其通过存储和传递主群体的精华样本,提供了对任务规划过程中关键知识的深度理解。这一层级的知识空间充当了高级引擎,通过精炼和演进知识,不断优化主群体的性能和适应性。其目标是在全局范围内提高整个系统的规划质量和效率。

底层主群演化空间则是任务规划系统的执行者,它包含了任务规划的主体群体,通过群体演化和协同工作,解决任务规划问题。这一层级的空间通过接受上层知识的引导,使得主群体能够更加智能地进行任务规划,适应各种变化和挑战。

辅助用户交互评价则引入了人机协同的元素,通过与用户的交互反馈,获取用户对任务规划效果的评价和需求。这一层级的参与使得系统更加灵活和人性化,能够根据用户的实际需求进行动态调整和优化。用户的反馈信息不仅可以用于评估系统的性能,还能够为知识空间提供实时的、直观的引导信息,促进知识的不断演化和更新。

如图 6-10 所示,这三个层级之间的紧密协同与互动,使得基于知识的异质交互式文化混合算法能够在任务规划领域中充分发挥协同优势,提高规划效果的准确性、智能性和适应性。这一算法框架不仅反映了多层次、全方位的任务规划策略,也为实现任务规划系统的智能化提供了有力支持。

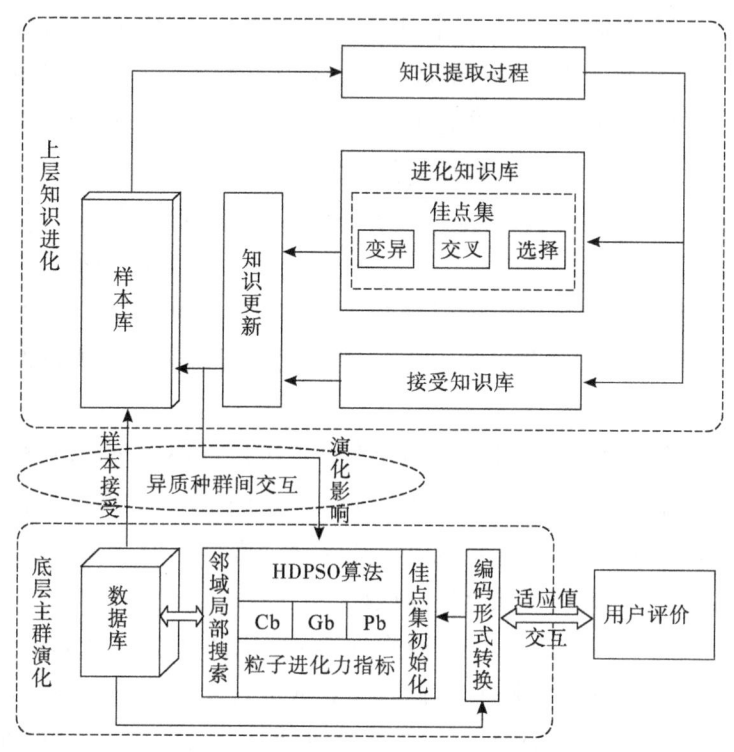

图 6-10 异质交互式文化混合算法框架图

主群演化层在改进的混合离散自身演化操作方面取得了显著进展,其核心在于为上层知识进化提供了更精准的数据样本,同时为用户评价提供了更直观、交互式的接口。在数据库管理方面,系统存储了已评价的粒子及其适应值,并采用编码形式转换,使得粒子的表现型和基因型之间可以方便地进行转换,为用户评估提供了更友好的方式。

主群演化空间的初始化阶段通过数论中佳点集的方式对种群进行初始化,确保初始点在可行解空间均匀分布且具有最大的代表性。此外,引入了粒子进化力指标,当该指标低于一定阈值时,系统会引入扰动因子以逃离局部最优,并增加了邻域局部搜索,提高了系统的搜索能力和收敛速度。

知识进化空间通过接受函数从主群演化层选择样本,并通过知识提取函数从样本中提取进化过程中隐含的认知信息。进化知识库采用了强求精能力的佳点集遗传算法进行自身进化,通过知识更新函数实现对各类知识的更新、控制和管理。这种层级间的协同作用,使得主群演化空间受益于知识进化空间的引导和优化,从而在任务规划中更加智能和高效。

最终,各类知识通过演化影响函数作用于主群演化空间,影响演化操作,实现不同层级之间的深度交互。其中,样本接受函数和演化影响函数统称为接口函数,知识提取函数和知识更新函数统称为知识函数。这种复杂且协同的知识交互结构,使得基于知识的异质交互式文化混合算法在任务规划中能够更好地平衡不同层级之间的关系,从而实现系统性能的全面提升。

用户交互评价在研究机器人路径规划问题中具有重要作用,为此,HICHA被设计成灵活、实时的人机接口。这种算法在运行的任意时刻都具有中止的能力,从而能够在用户需要的时候迅速提供当前的最优可行解。这一特性使得HICHA非常适用于实时路径规划系统,尤其是在寻求满意解或近似最优解的场景中发挥了重要作用。

HICHA的实时中止功能允许用户在算法运行过程中介入,根据实际需求提供反馈或调整参数,以获得更符合特定场景需求的解决方案。这种互动性不仅提高了算法的适用性,还有效地将机器人路径规划系统与用户需求相结合,实现了更加个性化和实时化的路径规划。

在实际应用中,用户可以根据当前情境的变化、特殊需求或新的信息输入,通过中止算法获取当前最优解,从而快速获取满足实际情况的路径规划结果。这种即时响应的能力使HICHA成为一个灵活且强大的工具,能够在复杂、动态的环境中为机器人提供高效的路径规划服务。

1) 主群空间演化——HDPSO算法进化运算规则。

首先,运用佳点集初始化主群空间,使初始粒子均匀分布于可行解内。首次将数论中的佳点集理论运用到离散粒子群演化算法中,这是一种新的尝试。利用了数论中佳点集理论及其计算公式 $r_k = 2\cos(2\pi k/p)$,式中,$1 \leqslant k \leqslant t, p$ 是满足 $(p-t)/2 \geqslant t$ 的最小素数排列 $p_1, p_2, \cdots, p_t$,排序得到 $p'_1, p'_2, \cdots, p'_t$。根据 p 排列与 p 对应的任务点进行重排,即生成 n 个有多样性均分布的可行解集合 $\{Particle\}$。初始种群的分布状态不仅直接关系算法的全局收敛效果,还影响算法的搜索效率。这种方法简便易行且更适合多维情况。

其次,采用新的粒子进化模型,定义了粒子进化力指标,旨在增强种群的多样性和算法的稳定性。每个粒子都会根据当前个体的最优解和全局个体的最优解来调整自己的位置,具备快速收敛和计算简便等特点。然而,当粒子当前位置与全局最优、个体最优以及当代最优位置相同时,很容易陷入局部最优解。

随着群体的多样性不断减小,有益的指导信息也不断丢失,会导致粒子难以跳出局部最优位置。

在演化后期,解的收敛速度明显下降,甚至几乎停止,所以在进化算法中引进上一章得到的最佳优化策略——近邻搜索优化策略,以提高解的质量。

2) 知识空间进化——佳点集遗传算法进化。

在任务规划系统中,知识空间的构建和维护对于整体性能的提升至关重要。知识空间个体采用与主群空间个体一致的符号编码形式,以确保对主群体样本的有效存储和利用。这种一致性的编码形式有助于确保知识空间与主群空间之间信息交流和传递的无缝连接,提高整个系统的协同演化效率。

知识群体的规模在系统设计中被设定为主群规模的 20%~40%,这一设定旨在维持一个相对较小但具有一定代表性的知识群体规模,以确保高效的知识传递和进化。这样的设置使得知识空间能够在系统中充分发挥其引导和优化的作用,从而提升任务规划的性能和效果。

知识群体进行自身的进化操作,其中包括采用赌轮法随机选择两条路径的染色体进行佳点集交叉,以及以一定的变异概率进行变异操作。这样的操作机制不仅有助于保留优秀的基因信息,而且通过交叉和变异的方式引入了多样性,增加了搜索空间的广度。经过遗传操作后,得到的新染色体被放入染色体池中,并计算其适应度值。

在染色体池的管理中,假定染色体的容量是一定的。当染色体的个体数量超过容量时,系统会进行适应度排序,将适应度较小的染色体从池中删除。这样的机制确保了染色体池中的个体始终保持一定数量,避免了信息的累积和过度存储,从而有助于保持知识空间的有效性和高效性。这样设计的知识空间操作策略为任务规划系统提供了有力的支持,使其能够在动态环境中更加灵活和智能地进行任务规划。

3) 异质种群交互式接口操作。

接受操作:在主群空间和知识空间的协同演化过程中,随着每一轮的演化代数的推进,系统采取了一种智能的操作机制来维持和提升全局搜索效果。具体而言,如果主群空间当前的全局最优值表现出更优越的适应度,超过了知识空间中最差个体的水平,系统就会执行一个接受操作。这个操作的核心思想是将主群空间的全局最优个体的信息传递到知识空间,以覆盖知识空间中表现最差的个体。

这种接受操作的实施有助于在整个系统中传播和融合优秀的解,提高全局搜索的效率和质量。同时,在影响操作方面,主群空间的粒子演化在每一轮演化一定的代数之后,会引入知识空间中适应度较高的个体,替代主群空间中适应度较低的一定数量的个体。这种操作策略在系统的不同演化阶段发挥着关键作用。在演化的初期,知识解对主群空间的影响相对较小,这有助于确保系统能够迅速演化,寻找到局部最优解。而在演化的后期,知识解的影响逐渐增大,系统能更充分地接受知识空间的引导,扩大搜索空间,提升全局搜索的能力。

影响操作:主群空间的粒子演化每运行一定代数时用知识空间群体中适应度较高的个体替代粒子群中适应值较低的同样数目的个体。在粒子群演化的初始阶段,知识解对粒子演化影响较小,以保证其快速演化,在粒子群演化的后期,知识解对其影响逐渐加大,使其能更多地接受知识空间的引导,同时扩大搜索空间,具备更好的全局搜索能力。接受操作和影响操作是实现异质种群交互的重要接口。

接受操作和影响操作在实现异质种群交互中扮演着关键的角色,它们构成了不同空间之间信息传递的重要接口。这种智能的协同演化策略使得系统能够在不同阶段充分利用主群空间和知识空间的优势,有效提升搜索效率和全局搜索能力,实现了异质种群之间的协同进化。

6.5.2　遥感星群多模态任务智能规划

遥感星群(图 6-11)多模态任务智能规划(图 6-12)涉及对多种遥感数据进行综合利用和分析,以实现更全面的信息提取和智能决策。多模态遥感数据通常包括光学影像、雷达数据、红外数据等多种来源的信息。以下是一些多模态任务智能规划的关键方面。

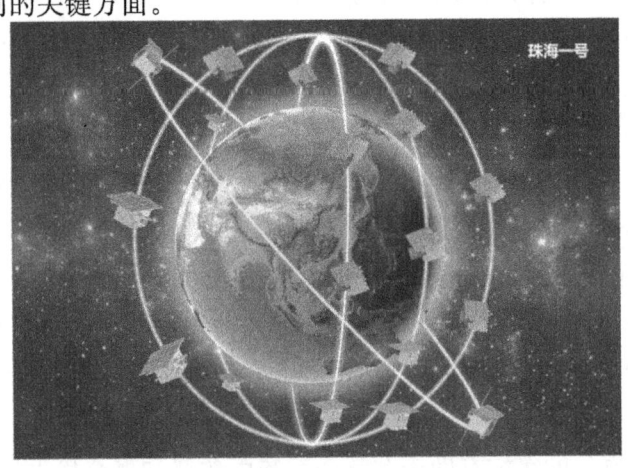

图 6-11　遥感星群

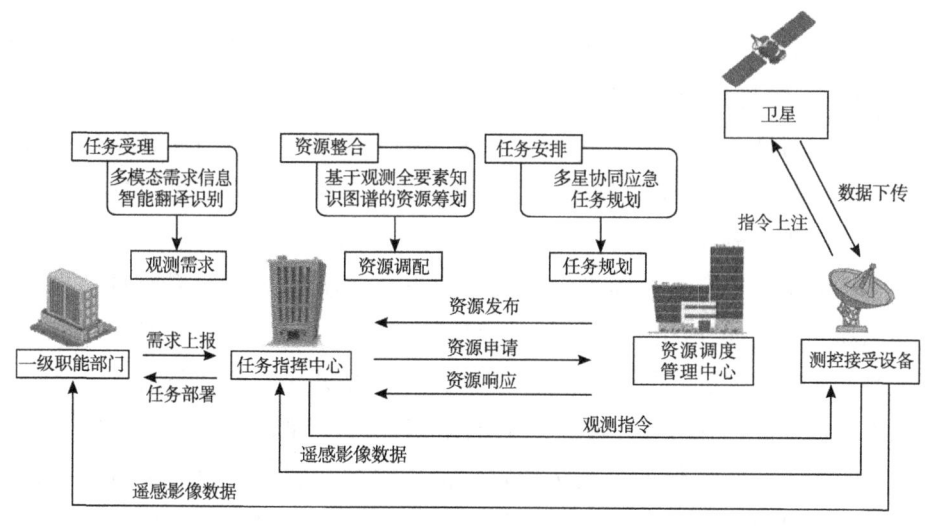

图 6-12　遥感星群多模态任务智能规划

1)在面对多模态观测的挑战时,智能解译识别需求信息的方法至关重要。首先,确保系统能够有效地获取各模态的文本信息,这包括光学影像、雷达数据、红外数据等多种数据源。采用先进的数据提取技术,例如光学字符识别和模态特定的文本提取算法,以确保高质量的文本数据输入。之后进行关键要素抽取与事件检测,通过自然语言处理和深度学习技术,识别文本中的关键信息和事件元素。这包括利用词法分析、命名实体识别和情感分析等技术,以全面理解文本所包含的信息。在事件检测的过程中,我们可以采用深度学习模型,如长短时记忆网络(LSTM)或变压器模型,以捕捉文本中的上下文信息,提高事件检测的准确性。

在智能需求决策阶段,系统需要结合专业领域知识和机器学习算法,对已提取的信息进行分类和评估。这可以通过构建分类器或回归模型来实现,确保对各类需求作出准确的智能决策。引入特定领域专家的知识,以提高决策模型对特定领域需求的理解和适应能力。为了生成满足智能筹划、规划系统可自动识别的标准化需求信息,系统可以采用自然语言生成技术。利用模板化的结构,将关键信息填充到特定的位置,生成符合标准格式的需求文本。这有助于确保生成的需求信息具有统一的结构和规范,方便后续系统的自动识别和处理。

最后,将智能解译识别得到的需求信息与相关部门上报的观测需求进行整合,形成一个全面的任务需求集合。通过与任务指挥中心进行及时而可靠的信息上报,为后续多星协同任务的筹划与调度提供重要的信息基础。这种集成和上报的过程需要高效的通信和数据传输系统,以确保信息能够及时地传递到任务指挥中心,支持整个协同任务的顺利进行。

2)在面对任务需求紧急情况时,任务指挥中心的主动参与和紧急任务系统的自动化流程相互协作,以确保高效而可靠的任务响应。以下是对这个流程的更进一步的扩展说明。

在任务指挥中心参与需求的修正与手动提交方面,操作员需要具备专业领域知识和对系统操作的熟练技能。他们可以通过任务指挥中心的用户界面,实时监测任务状态、接收系统警报、并根据实际情况灵活调整任务需求。这包括手动修正标准化需求信息、修改任务工作模式,以及调整任务优先级等操作。这种实时的人工干预保证了系统能够灵活应对各种紧急情况。紧急任务系统在接收到手动修正后的标准化需求作为输入参数后,开始执行自动化的流程。系统首先基于观测全要素,如卫星状态、地面站可见性、观测目标等,进行全面综合分析。这涉及从多个方面评估资源可用性,以便更好地了解当前的观测环境。

在综合分析的基础上,系统进一步进行决策制定。在资源有限的情况下,系统需要通过智能算法和资源优化技术,制定局部最优的天基观测任务。这可能涉及重新规划已有任务的执行时间、调整卫星的轨道、优化载荷工作模式等。综合决策的目标是最大化资源的利用效率,以满足紧急任务的要求。

最终,紧急任务系统生成明确的任务工作模式、载荷类型及工作模式、任务优先级等任务参数要求。这些要求是针对卫星的操作指令,确保卫星在执行观测任务时按照需求进行操作。这包括定义卫星的工作状态、规定载荷的工作模式,以及设置任务的优先级,以保证紧急任务能够得到优先处理。

3)多星协同任务规划注重任务的快速响应和灵活的动态插入,其出发点是以资源筹划结果为业务输入。采用基于强化学习的任务动态规划思路,通过利用星地元任务的实际数据进行样本制备和扩增,旨在有效获取足够数量的样本用于训练模型。

在任务描述中,明确地表征任务间的关联关系,以获得准确的、支持动态插入的星地元任务集。这一步骤涉及将元任务集嵌入低维的特征向量中,从而提取任务集的特征,实现对任务的感知。通过理化学习规划算法进行分析和决策,系统能够在多星协同任务中作出精准的规划。

整个流程最终将产生综合规划方案,该方案涵盖了观测、数据传输任务的执行时间、载荷类型、工作模式等重要信息。这一综合规划方案将被提交给资源调度管理中心，以便进行有效的资源调度和协同管理。

通过这种任务规划方式，多星协同任务能够更加迅速地响应需求变化，实现动态插入新的任务。同时，基于强化学习的动态规划思路和对实际数据的充分利用，确保了模型训练的效果。在任务感知和特征提取的过程中，系统能够更好地理解任务间的关联关系，从而提高任务规划的准确性。最终的综合规划方案不仅考虑了任务执行的时间、载荷类型和工作模式等因素，还具备了对资源进行有效利用和协同管理的能力。

4) 卫星任务规划结果通过自动化人工筛选后，将被传输至测控接收设备，再上传至负责执行观测任务的遥感卫星。遥感卫星随即执行规划好的观测任务，并通过地面站网络将所获得的数据发送给一线职能部门和任务指挥中心等需求方。这一流程确保了规划出的卫星任务能够在自动和人工协同的方式下，迅速而精确地得到执行，并将关键数据传送给相关利益方，以满足实时需求和任务指导。

习题 6

1. 未来地面机器人的发展方向是什么？
2. 多航天器任务智能规划中集中式任务规划和分布式任务规划各自的特点是什么？
3. 多航天器任务智能规划中集中式任务规划的特点是什么？
4. 多航天器任务智能规划中分布式任务规划的特点是什么？
5. 简述异质交互式文化混合算法框架。
6. 多航天器飞行轨道规划中的主要因素有哪些？
7. 遥感星群多模态任务智能规划主要包括哪几个方面？
8. 简述知识空间进化佳点集遗传算法。

第 7 章　未来发展趋势与挑战

【本章目标】
1. 了解无人系统任务规划的未来发展趋势。
2. 掌握无人系统任务规划面临的技术挑战。
3. 理解跨学科研究在无人系统任务规划发展中的重要性。
4. 理解未来学习和研究无人系统任务规划的建议。

7.1　无人系统任务规划的未来发展趋势

无人系统任务规划的未来发展方向涉及多个关键领域,包括技术创新、应用场景扩展和社会影响。这些方面的进展将共同推动无人系统任务规划领域向更加先进、智能化的未来迈进。

在技术创新方面,无人系统任务规划未来的发展将集中在进一步提高系统的智能水平。随着深度学习、强化学习等人工智能技术的不断发展,无人系统任务规划将更加注重系统对任务环境的理解和适应能力。智能算法将进一步增强无人系统的自主决策和执行能力,使得系统能够更灵活、更智能地应对各种任务场景。

应用场景的扩展是无人系统任务规划的另一个重要方向。未来,无人系统将更广泛地应用于军事、民用、工业、医疗、农业等多个领域。例如,在医疗领域,无人系统任务规划可被用于自主执行医疗物资的运输,以提高紧急医疗服务的效率。在农业领域,无人系统可被用于智能农业勘测和作业规划,以提高农业生产的智能化水平。

社会影响方面也将受到更多关注。随着无人系统在社会中的广泛应用,相关法规和伦理标准的建立将成为重要任务。保障隐私、确保系统安全、分配责任等问题将在未来成为无人系统任务规划发展的关键议题。公众对无人系统任务规划日益信任将为该领域的长期稳健发展提供重要支持。

无人系统任务规划的未来发展将是一个全方位、多领域的过程。技术创新、应用场景拓展和社会影响的相互作用将塑造无人系统任务规划领域更为成熟和健康的发展态势。这一领域的不断进步将为社会带来更多便利和创新，推动科技向更高水平迈进。

1. 智能化和自主性提升

未来无人系统任务规划将进一步强调智能化和自主性的提升，致力于使系统在面对复杂、多变的任务环境时表现得更加灵活、智能。这一方向的前进离不开先进的机器学习和人工智能算法的引入，它们为无人系统赋予更高层次的认知和决策能力，减少对人工介入的依赖，实现更为自主的任务执行。

机器学习技术的应用将成为无人系统任务规划中的关键推动力。通过不断学习和适应任务环境，系统能够积累经验，从而更好地理解和解决面临的问题。这种能力的提升使得无人系统能够更为精准地规划路径、执行动作，并在执行过程中灵活应对环境变化，从而实现更高效的任务执行。

人工智能算法的进步将为无人系统决策的制定和执行提供更为强大的支持。无人系统将具备更高层次的推理和分析能力，能够根据任务目标、环境变化等多方面因素作出更为智能、全面的决策。这种自主决策能力的加强不仅提高了任务执行的效率，还使得无人系统能够更好地适应复杂多变的任务场景，尤其在需要即时决策和快速响应的情境中，其表现尤为显著。

通过智能化和自主性的提升，未来的无人系统任务规划将更好地适应不同行业和应用场景的需求。这不仅有助于提高任务执行的效率和可靠性，同时也为无人系统在更为复杂、更具挑战性的任务中发挥更大作用打下坚实基础。这一发展方向将推动无人系统在科技创新和应用领域取得更为显著的成果，为社会创造更多价值。

2. 多模态感知融合

未来的无人系统任务规划将积极推动多模态感知技术的融合，致力于通过整合视觉、声音、激光雷达等多种传感器，为系统提供更为全面、精准的环境感知。这种多模态感知的发展将成为提高感知能力、优化路径规划和提高任务执行效果的关键驱动力。

视觉传感器作为无人系统重要的组成部分，将不仅仅用于捕捉静态图像，更会发展成为具备深度感知和实时图像处理能力的先进系统。这种先进的视觉感知技术的应用使得无人系统能够更准确地识别、分类环境中的各种元素，为路径规划提供更为可靠的基础。

声音传感器的引入将进一步拓宽感知的维度。通过识别环境中的声音信号，无人系统能够更全面地了解周围的状况，包括交通噪声、自然声音等。这有助于系统更好地适应任务环境，识别潜在障碍，提高其在复杂场景中执行任务的能力。

激光雷达等传感器技术的不断进步也将为无人系统提供更为精准的空间感知。利用测距和扫描技术，激光雷达能够生成高精度的环境地图，为路径规划提供更可靠的数据支持。这对于无人系统在复杂地形和多变环境中执行任务具有重要意义。

多模态感知技术的融合将在无人系统的各种应用场景中发挥重要作用，例如，在城市交通管理中，通过综合处理视觉、声音、激光雷达等信息，系统可以更准确地感知交通状况，实现智能交通优化。在紧急救援任务中，多模态感知也有助于更全面地了解灾区状况，提高任务执行的效率和成功率。

未来，无人系统任务规划的多模态感知技术的融合将成为系统智能化的关键组成部分，提高系统对复杂环境的感知能力，为任务的高效执行提供更为可靠的基础。这一发展趋势将推动无人系统在众多领域广泛应用，为人类社会带来更多的便利和创新。

3. 协同和群体行为

未来的无人系统任务规划将更强调协同工作和群体行为，着眼于通过多个无人系统之间的协同配合和群体智能的应用，以实现更为高效、灵活的任务执行。这一发展方向将为处理复杂任务提供更大的优势，尤其对于搜索救援、大规模勘测等应用更为关键。

协同工作是未来无人系统任务规划的一项关键目标。通过系统之间的信息共享、相互协调，不同无人系统能够在任务执行中形成更为紧密的协同关系。例如，在搜索救援任务中，多个无人飞行器、无人地面车辆和无人潜水器等系统协同工作，相互配合，可以提高搜索效率，缩短响应时间，增加任务的成功率。

群体行为的引入将使得无人系统能够更好地适应复杂多变的任务场景。通过群体智能算法，无人系统可以模拟和应用类似生物体群体的集体行为，实现更为灵活的任务执行策略。在大规模勘测任务中，无人系统群体能够协同完成地表测绘、资源勘探等工作，大幅提高勘测效率，实现更全面的数据收集。

协同工作和群体行为的应用还将促进无人系统在不同领域的深度融合。在工业生产中，无人系统群体可以实现智能制造的各个环节的协同作业，提高生产效率；在农业领域，多个无人农业机器人可以协同完成种植、喷洒、收割等任务,实现农业生产的智能化。

未来无人系统任务规划的协同工作和群体行为的发展将为多领域任务的执行带来全新的机遇。通过多个无人系统的智能协同,无人系统将能够更好地应对复杂任务场景中的挑战,为人类社会提供更为智能、高效的解决方案。

4. 实时数据分析和决策

未来无人系统任务规划将更强调对大数据和实时数据分析技术的深度整合,充分利用海量实时数据来优化任务规划和执行过程。随着大数据技术的持续发展,系统将更加注重高效处理和深度分析大规模实时数据的能力,以更好地适应不断变化的任务环境。

实时数据分析技术的应用将使得无人系统能够更快速地获取、处理和理解实时信息。通过对传感器、摄像头、雷达等设备获取的实时数据进行分析,系统能够迅速把握任务执行中的关键信息,快速作出决策。在动态环境下,这种实时的数据处理能力将使系统更加灵活地调整任务策略,及时应对突发状况,提高任务执行的适应性。

大数据分析的广泛应用将为无人系统提供更深入的洞察力。通过对历史数据和实时数据的深度分析,系统可以发现潜在的模式和规律,为决策提供更为全面的参考。这种数据驱动的分析方法将有助于系统更准确地预测任务环境的变化趋势,为规划更为智能的路径和执行更为优化的动作提供支持。

实时数据分析技术的强化也将推动无人系统的智能学习和自适应能力。系统可以通过学习实时数据,不断优化任务执行策略,适应不同环境和任务的要求。这种迭代学习的过程将使得无人系统更具智能性,更好地适应不断变化的任务场景。

未来无人系统任务规划将更加注重充分利用大数据和实时数据分析技术,以提高任务执行的实时性、灵活性和智能水平。这一发展趋势将使无人系统能更好地胜任复杂任务,为各个领域的实际应用提供更强大的支持。

5. 基于仿生技术的无人系统

在智能化战争的背景下,未来基于仿生学方法的无人系统将迎来显著的性能提升。(1)通过仿生技术的运用,这些系统将更好地模仿生物的感知系统和认知系统,赋予其更高水平的智能性和自适应性。这种智能化将使无人系统能够更准确、更迅速地感知和理解战场上的各种情况,从而更有效地作出响应,提高作战的灵活性和智能性。(2)未来的无人系统将呈现更加多样化的特点。目前,传统的无人系统技术在执行作战任务时通常面临性能单一的问题,影响了整体的作战效率。然而,通过结合人工智能技术和仿生技术,未来的无人系统将具备更多、更强的功能。这意味着在各种复杂的战争环境中,这些系统将能够同时执行多种作战任务,包括侦察、打击、物资运输和救援等,从而更好地适应多变的战场需求,提高整体的作战效能。这种多样性使得无人系统在未来的智能战争中将扮演更为关键的角色。

无人系统集群作战借鉴了生物界中的集群行为,并通过应用仿生技术实现了无人系统之间的协同合作。在复杂的作战环境中,相比于独立单体的作战,无人系统协同集群作战通过实现各个单体之间的信息交互,能够更高效地完成复杂的工作任务,从而提高整体的作战效能。相对于独立单体而言,无人集群作战具有更好的鲁棒性和自适应性,将成为未来无人作战的主要方式。在集群作战中,无人系统之间通过仿生技术实现了生物群体的协同行为,通过信息交流和相互配合,使得整个集群能够更加智能地应对多变的战场情境。这种协同作战的方式使得集群中的个体能够共同完成任务、共享信息,极大地提高了作战的适应性和灵活性。

在现代战争的背景下,无人集群作战将在未来发挥更为关键的作用。通过集群协同,无人系统能够更好地适应高度动态的作战环境,迅速作出反应,提高作战的实时性和效率。无人集群作战的发展将成为无人作战领域的主要趋势,为战场指挥和决策提供更为多元化和强大的支持。

6. 可持续能源和长时间任务

未来的无人系统任务规划将在长时间满足任务需求的同时更为注重能源效率和可持续能源的应用。随着科技的不断进步,系统将通过技术创新实现更高效的能源利用,以应对任务执行过程的长时间性和不断变化的任务需求。

能源效率的提升是未来无人系统任务规划的一项关键目标。通过采用先进的能源管理技术和节能设计,系统将能够更有效地利用太阳能、风能等能源,降低能量损耗,提高整体能源效率。这对于需要长时间执行的任务,如长距离巡航、深海勘探等,将极大地延长系统的续航能力,减少对能源补给的依赖。

可持续能源的应用将成为未来无人系统任务规划中的一个重要发展方向。太阳能、风能等可再生能源的广泛应用将为系统提供更为稳定和持久的能源支持。在户外环境、远程地区或资源有限的地方,可持续能源的利用将成为确保系统长时间执行任务的可行途径,减轻对传统能源的依赖,提高系统的独立性和可持续性。

技术创新还将涉及新型能源存储技术的研究和应用。更先进、轻量、高效的电池技术,以及新型能源存储装置的引入,将为系统提供更为强大和持久的能源支持。这不仅有助于系统更好地适应不同任务场景的能源需求,还将为系统在复杂环境中执行任务提供更多可能性。

在未来,通过能源效率的提升和可持续能源的应用,无人系统将能够更加自主地执行长时间和复杂的任务,为科研、勘探、紧急救援等领域提供更为可靠和稳定的支持。这一趋势的发展将在提高系统自主性和执行能力的同时,促进能源技术的创新和可持续发展。

7. 规模化应用和行业融合

未来,无人系统任务规划将在更多的行业和领域得到规模化应用,实现从军事、民用到工业、农业等多个领域的广泛覆盖。这意味着无人系统将不仅仅局限于特定领域,还将成为不同行业中通用的任务执行工具,推动无人系统任务规划技术的全面发展和跨领域融合。

在军事领域,无人系统任务规划将继续在侦察、监视、打击等方面发挥关键作用。无人飞行器、地面车辆和水下潜器等将在军事任务中协同工作,实现更为高效、精确的作战行动。这种跨领域的应用将加速军事技术的发展,并推动无人系统任务规划在军事领域的不断创新。

在民用领域,无人系统任务规划将成为城市规划、交通管理、紧急救援等方面的得力助手。例如,通过无人系统规划,城市交通流量可以得到优化,紧急救援任务可以更迅速得到响应。这将为城市管理、公共服务等方面带来更高效的解决方案,从而提升社会生活的品质。

工业领域将进一步应用无人系统任务规划进行智能制造、设备维护等工作。无人机器人和自主驾驶车辆等系统将在工厂、仓储等环境中执行任务,提高生产效率和安全性。这将带动制造业的数字化和智能化转型,推动工业生产模式的升级。

农业方面,无人系统任务规划将为精准农业、农田勘测、作物监测等提供强大支持。农业机器人和自主导航农用车辆等无人系统将成为现代农业的关键工具,为农业生产提供更为智能、高效的解决方案,有助于推动农业的可持续发展。

这种跨领域的规模化应用将推动无人系统任务规划技术不断进步,各个领域之间的技术融合将为无人系统带来更多可能性。未来无人系统任务规划的全面发展将在不同领域产生深远的影响,为人类社会带来更多的便利和创新。

8. 法律法规和伦理标准

随着无人系统的广泛应用,未来将更加重视法律法规和伦理标准的建立,以确保这一新兴技术能够合法、安全、可靠地执行。这涉及多个方面,包括但不限于隐私保护、安全性和责任分配等。

隐私保护方面,未来的法规将更加注重确保无人系统在数据收集、处理和传输过程中遵循严格的隐私标准。这包括规定何种类型的数据可以被收集,以及对于敏感信息的处理方式。同时,隐私法规要求在使用无人系统执行任务时需事先获得相关当事人的同意,并提供清晰的隐私政策。

安全性是无人系统任务规划中不可忽视的一个方面。未来的法规将强调对系统安全性的监管,确保系统的设计和执行不会对公共安全造成威胁。这涉及对系统硬件和软件的认证要求,以及对潜在威胁的识别和应对机制。同时,法规还将规范对系统的攻击行为的防范和应对策略,以保障系统的可靠性和稳定性。

在责任分配方面,法规将需要明确无人系统任务规划中各个相关方的责任。这包括制造商、开发者、操作人员等在系统设计、维护和执行过程中应承担的法律责任。明晰责任分配将有助于在出现问题或发生事故时更快速、公正地确定责任,从而维护公共安全和信任。

综合而言,未来无人系统任务规划将朝着更智能、更自主、更协同、更可持续的方向发展,这反映了科技创新、行业融合和社会接受程度等多重因素的共同作用。随着科技的飞速发展,无人系统将迎来更为智能化的时代,具备更高水平的感知、学习和决策能力,能够更灵活、准确地执行多样化的任务。更自主的无人系统将成为未来发展的关键特征之一。系统将更好地适应复杂、动态的环境,通过先进的感知和学习算法实现自主决策,减少对人工干预的需求。这将使得无人系统在执行长时间、多变化的任务时表现更为出色,从而拓展其应用领域。

7.2 技术挑战与跨学科研究领域

7.2.1 面临的技术挑战

无人系统任务规划在不断发展的过程中,面临着一系列复杂而关键的技术挑战,同时相关研究领域也在持续扩展。其中一项关键挑战是提高系统的智能水平，使其能够更加自主地理解和适应多样的任务环境。这涉及深度学习、强化学习等人工智能技术的不断创新，以推动系统对复杂任务场景进行更精准和高效地规划和执行。

另一个挑战是在多机器人协同任务中实现更有效地规划与协同。如何实现任务分配、资源分配、路径规划等方面的智能协同，使得多个无人系统能够更好地协作完成任务，是当前需要攻克的技术难题之一。

此外，提高系统对环境变化的实时适应能力也是一个迫切的挑战。在许多应用场景下，系统需要能够快速、准确地感知并适应环境的变化，这对数据获取与处理、规划与执行等方面提出了更高的要求。

在研究领域方面，任务规划需要更深入地融合多模态信息，包括图像、语音、传感器数据等，以提高对环境的更全面理解和更准确决策的能力。同时，跨学科研究也将变得更为重要，涵盖计算机科学、人工智能、机器学习和控制理论等多个领域，以推动无人系统任务规划技术的不断创新和发展。这些技术挑战和研究领域的拓展将共同推动无人系统任务规划更好地应对未来的发展挑战。

1. 智能决策算法的优化

在未来的任务规划中，对智能和灵活的决策算法的需求将更为迫切。优化这些算法不仅仅意味着提高其计算效率，还包括提升系统对环境变化和不确定性的适应性。研究者将面临挑战，需要深入研究如何使决策算法具备更强大的学习和适应能力，以应对日益复杂多变的任务场景。

考虑到无人系统在实际应用中可能面临多样化的任务，算法的智能性至关重要。未来的研究将聚焦于如何使算法能够理解和适应不同任务的特定要求，从而实现更个性化、定制化的任务规划。这要求算法需要能够从过去的执行经验中学习，根据环境的动态变化作出及时决策，以最大程度地提高任务执行的成功率。同时，多目标优化和不确定性因素的处理将是未来研究的重要方向。传统的任务规划算法往往以单一目标为导向，然而，在实际场景中，无人系统可能需要同时考虑多个目标，这就需要新一代决策算法具备更强大的多目标优化能力。另外，环境中的不确定性因素，如未知障碍物、动态变化的气象条件等，也需要纳入算法考虑范围，以保证系统在复杂环境中的鲁棒性。

在不久的将来，任务规划的智能化发展将不仅仅依赖于更高级的算法，还需要深入探索与其他领域的融合，例如深度学习、认知科学、神经科学等。这种跨学科的融合将为任务规划注入更多创新的思维和方法，推动无人系统在各个应用领域更广泛、更高效的应用。

2. 多传感器融合技术

随着传感器技术的迅速发展，无人系统逐渐演变为多传感器融合的智能平台。这引发了研究者对于如何更有效地整合来自不同传感器的信息，以提高感知系统整体性能的关注。多传感器融合涉及如何协同利用各种传感器产生的数据，以获取更全面、准确的环境信息。

在这个研究领域中，一个主要的挑战是将来自不同传感器的数据进行校准和融合，以确保它们在同一坐标系下一致可靠。这涉及传感器数据的时间同步、精准定位等问题，为此，研究者们需要寻找先进的融合算法和校准技术，以提高整个感知系统的一致性和准确性。此外，对于多传感器融合而言，研究者们还需解决来自不同传感器信息融合的策略问题。这包括如何权衡来自不同传感器的数据权重，以及在复杂环境下如何智能地选择合适的传感器来执行任务。在这方面，深度学习和机器学习等技术的应用将会是未来研究的重要方向，旨在提高对多源信息的智能感知和决策能力。

多传感器融合的研究旨在打破单一传感器的局限，使系统能够更全面、准确地感知环境，为无人系统在各领域的任务规划和执行提供更强大的支持。这一领域的不断发展将为感知系统带来更广阔的发展前景。

3. 自主协同规划

在多机器人或多无人系统的协同任务中，研究者面临的一个重要挑战是设计自主协同规划系统，以优化任务执行的效率和系统整体性能。研究的核心问题包括任务分配、资源分配、路径规划等多个方面，旨在实现系统内部各个无人系统之间的高效协同工作和合理分工。

任务分配是在多无人系统中确定每个系统应执行的具体任务的过程。研究者需要考虑任务的性质、紧急程度以及各系统的能力和限制，通过智能算法和协同决策系统实现任务的均衡分配，以确保整体任务执行的高效性和均衡性。资源分配涉及在系统内部对资源（包括时间、能源、通信带宽等）进行合理分配的问题。这需要研究者开发智能的调度算法，以最大化系统资源的利用率，提高系统的整体效能。

路径规划则是在复杂环境中设计多无人系统的行动路径，以保证它们能够高效、安全地完成任务。研究者需要考虑路径之间的冲突避免、最短路径选择等问题，通过智能路径规划算法提高系统的导航和执行能力。

在解决这些问题的同时，自主协同规划还需要考虑系统的鲁棒性和适应性，以应对环境变化和未知情况。因此，未来的研究方向将包括如何通过学习和适应性算法来提升系统的自主协同规划能力,以更好地适应复杂多变的任务环境。这些研究将推动无人系统在协同任务执行中取得更为显著的成果。

4. 实时性与高效性

未来的任务规划研究必须应对动态、复杂环境中的快速决策需求。随着无人系统应用领域的不断扩展,研究者需关注如何提高系统的实时性,以确保在面对环境的即时变化时能够快速、准确地适应。这一挑战的关键在于系统需要在保持高度自主性和决策准确性的同时,以更快的速度作出决策。

实时决策的核心是在极短的时间内获取、分析和理解大量的实时数据。未来的研究方向将集中在优化传感器数据的采集与处理速度,使用更高效的算法和技术,以确保系统对环境动态变化的快速感知。这可能涉及对数据处理和决策算法的进一步优化,以满足更高的实时性要求。

此外,研究还需要关注如何在动态环境中优化路径规划和任务执行策略。在瞬息万变的情境中,系统需要能够灵活调整路径,快速适应新的任务需求或避免突发状况。因此,未来的研究将探索更加智能、灵活的路径规划和执行策略,以确保系统能够在满足实时性要求的同时达到最佳性能。

未来任务规划的发展方向将集中在提高系统在动态和复杂环境中的实时决策能力。这将为无人系统在更广泛的应用领域中发挥更大作用提供坚实的技术基础。

5. 自适应性与学习能力

未来的无人系统发展需要着重培养更强的自适应性和学习能力。系统应当具备机器学习和自主学习的机制,以便从过去的任务执行中积累经验,并在实践中不断优化和调整规划策略。通过学习,系统能够更好地理解环境中的模式和规律,为未来类似任务的执行提供更为智能和高效的解决方案。

自适应性的提高意味着系统能够灵活应对各种不同的环境和任务情境。无人系统需要具备对于不同场景和任务需求的适应性,能够在面对新的挑战时快速调整规划和执行策略。这可能涉及对于多样化任务和环境条件的训练,以确保系统能够迅速适应并胜任各种任务。在实现自适应性和学习能力方面,深度学习和强化学习等技术将发挥关键作用。这些技术可以帮助系统识别复杂的模式,从而更好地理解环境和任务需求。通过结合传感器数据的实时分析和模型训练,无人系统可以不断提升其性能,使其在未来的任务中表现得更为出色。

未来的无人系统将不仅仅是执行预定任务的工具,更是具备自主学习和适应性的智能体。这种自适应性将使系统更好地适应未知和动态环境,从而更加灵活、智能地执行各类任务。

6. 安全性与隐私保护

无人系统的广泛应用使得安全性和隐私保护成为研究和发展的核心焦点。在规划算法的设计中,需要考虑系统在执行任务时的安全性,包括对于潜在威胁的防范和应对。这可能涉及对系统进行鲁棒性测试,以确保在面对各种可能的攻击或异常情况时,系统能够安全可靠地执行任务。此外,在任务规划的决策过程中,也需要考虑如何在不牺牲安全性的前提下优化系统的执行效率。

随着信息收集和传输的增加,隐私保护问题也变得尤为突出。无人系统通过传感器不断收集环境数据,但在这个过程中必须确保个人隐私和敏感信息得到有效保护。因此,在任务规划的过程中,研究者需要设计和实施隐私保护措施,以防止未经授权的信息获取和滥用。这可能包括对于传感器数据的匿名化处理、加密传输等技术手段,确保在数据的采集和传输过程中维护用户的隐私权益。此外,还需要考虑规划算法中的伦理和法律问题。在实际应用中,无人系统可能涉及与人类互动、在公共场所执行任务等情境,因此研究者需要思考和解决与这些应用场景相关的伦理和法律问题,确保系统在执行任务时遵循相应的法规和伦理标准。

因此,未来的无人系统研究需要在提升性能的同时,将安全性和隐私保护纳入规划算法的设计和实施中,以确保系统在现实应用中能够安全、可靠、合法地执行各类任务。

7. 多模态感知与语义理解

未来任务规划的趋势是更好地理解和整合多模态信息。传感器技术的不断发展使得无人系统能够获取来自不同源头的多样化信息,包括图像、语音、传感器数据等。在任务规划的背景下,研究者需要关注如何将这些多模态信息有机地结合,以促进系统对环境进行更全面、深入的理解。

在多模态信息整合方面,视觉信息(图像和视频)能够提供直观的环境感知,语音信息则可能用于与人类进行交互和理解周围的声音环境。同时,各种传感器数据(如激光雷达、红外线传感器等)能够提供关于环境结构和特性的详细信息。任务规划系统需要通过有效的算法和模型,将这些异构的信息融合起来,从而使系统对环境的认知更为全面和准确。研究者还需关注多模态信息的语义分析和上下文建模。通过深入挖掘各模态信息之间的关联性,系统能够更好地理解环境中的物体、场景和事件,从而提高对任务执行条件的理解和预测。

语义分析和上下文建模的进一步研究有助于系统更好地适应复杂多变的任务场景,实现更智能、更灵活的任务规划。

总之,未来的任务规划研究需要在多模态信息整合、语义分析和上下文建模等方面取得新的突破,以提高系统对环境的感知能力,进而增强其在各类任务中的决策和执行效果。

8. 规模化系统的管理

随着无人系统规模的逐渐扩大,管理和优化大规模系统的任务规划将成为一项复杂而关键的挑战。在大规模系统中,涉及大量的任务、资源和数据,因此如何有效地组织、分配和调度这些元素,以确保系统整体运行的高效性和协同性,成为未来研究亟须解决的重要课题。

在大规模系统中,任务规划需要考虑的因素不仅仅包括任务的数量,还涉及任务之间的相互关联、资源的有限性以及信息的复杂性。研究者需要思考如何通过智能算法和优化模型,实现对大规模任务的自动化规划和动态调整。这可能需要任务的分层和分级,以降低规划的复杂度,同时确保系统整体目标的实现。另一方面,大规模系统中的资源管理也是一个复杂的问题。资源包括计算资源、能源、通信带宽等多种形式,如何有效地分配和利用这些资源,以支持系统各项任务的顺利执行,是一个需要深入研究的领域。此外,大规模系统还可能涉及多个无人系统的协同工作,需要考虑多系统之间的任务协调和资源共享。

在大规模系统中,数据管理成为一项极具挑战性的任务。随着系统规模的不断扩大,所产生的数据量呈现爆炸性增长,并且涵盖了多样的数据类型。如何在高效的前提下进行数据的采集、存储、处理和传输,成为影响任务规划实时性和准确性的核心问题之一。数据管理涉及设计强大而灵活的数据架构,能够满足系统对多样化数据的需求。有效的数据采集系统需要确保从各类传感器中高效获取原始数据,并将其传送到后续处理阶段。同时,面对大规模数据集的存储和处理挑战,需要结合分布式计算和存储等技术,确保系统能够在短时间内处理海量数据。数据的传输和通信也是一个重要的考虑因素,特别是对于需要协同工作的多机器人系统。快速而可靠的数据传输是确保系统实时协同和决策的基础,因此,研究者需要关注通信协议、网络拓扑结构等方面的优化,以提高数据传输的效率和稳定性。

总体而言,数据管理在大规模系统的任务规划中占据着至关重要的地位。未来的研究将致力于解决数据采集、存储、处理和传输中的各类挑战,以支持系统在复杂环境中的高效运行和决策。因此,未来大规模无人系统的任务规划研究需要聚焦于解决任务、资源和数据管理的问题,通过智能化和优化手段,实现系统整体性能的最优化。这一方向的研究将在推动无人系统应用范围的扩大和提高整体效能方面发挥关键作用。

7.2.2 跨学科研究领域

面对前述挑战,跨学科研究将成为推动无人系统任务规划技术发展的关键力量。这种综合性研究跨足计算机科学、人工智能、机器学习、控制理论等多个领域,力图整合各学科的优势,协同解决任务规划领域所面临的复杂性和多样性挑战。

在跨学科研究的框架下,研究者可以共同探讨如何优化算法以提高系统的自主决策能力,以及如何整合多源数据以提高感知系统的准确性。同时,对于大规模系统的数据管理,跨学科研究能够借鉴不同学科的技术手段,推动数据的高效采集、存储和传输。

通过跨学科合作,可以更好地理解任务规划中的技术问题,并提供全面而创新的解决方案。这种协同性研究将有助于形成更完善、综合的无人系统任务规划技术体系,促进其在实际应用中产生更广泛和深入的发展。计算机科学为无人系统任务规划提供了基础框架,通过高效的算法设计和系统架构,实现对任务规划流程的优化和加速。同时,人工智能和机器学习的应用使得无人系统能够从历史经验中学习,更好地适应不断变化的环境,提高规划决策的智能性和灵活性。

在无人系统任务规划的复杂环境中,引入控制理论具有深远的影响。控制理论通过建模和分析系统的动态特性,提供了一套有效的工具,以确保系统在执行任务时保持稳定性和可控性。这对于面临各种外部扰动、不确定性和环境变化的无人系统至关重要。控制理论通过设计合适的控制策略来调整系统的行为,使其达到期望的性能。在任务规划中,系统通常需要在不同环境和任务条件下作出实时决策,而控制理论的方法可以帮助系统迅速调整行为,以适应这些变化。控制理论还能够处理任务规划中的复杂动态系统,考虑到系统内外的相互作用和耦合关系。通过采用控制理论的技术,研究者可以优化系统的性能,改善其对任务环境的适应能力,同时确保系统在执行过程中保持高度的稳定性。

在面对大规模无人系统的任务规划时,控制理论的应用不仅仅是一种技术手段,更是一种方法论,它有助于实现系统的智能决策、高效执行以及对复杂任务环境的适应性。通过结合控制理论的优势,无人系统在任务规划中能够更好地应对各种挑战,提高整体性能。

在深入研究无人系统任务规划的跨学科领域中,心理学和社会学的引入扮演着关键的角色。理解人机协同任务规划中的人类行为和社会因素,是实现更为智能化和人性化的任务规划系统的关键。心理学的视角有助于深入了解人类决策过程、认知负荷、工作记忆等方面的心理机制,从而更好地设计符合人类认知特点的任务规划系统。

社会学的考量则使研究者能够更全面地理解人机协同任务规划在社会背景中的运作。了解团队协作、沟通模式、领导力等社会层面的因素,为设计能够融入社交环境并具备良好协同性的任务规划系统提供基础。这样的系统将更易被用户接受,并在实际应用中发挥更大的作用。

通过将心理学和社会学引入任务规划的跨学科研究,我们能够更全面地理解人类需求,设计出更贴近用户期望的任务规划系统,从而提高整体系统的协同效率和用户体验。这种综合性的研究有望为未来的任务规划技术发展带来更为深远的影响。

跨学科研究在无人系统任务规划技术中的融合将为这一领域的创新和发展注入新的动力。通过整合来自不同学科的专业知识和方法,研究者能够获得更为广泛、深入的视角,更好地理解任务规划的复杂性和多样性。

这种综合性的研究有助于深入分析任务规划中涉及的各种因素,包括技术、人类行为、社会影响等多个层面。心理学、社会学、控制理论等多个学科的交叉应用,为研究者提供了更全面地认识任务规划生态系统的机会,使其能够更好地理解系统与环境、用户与系统之间的互动关系。

综合而言,跨学科研究为无人系统任务规划技术提供了一种创新的方法,推动了技术的不断进步。通过深入研究不同领域的知识,我们能够更好地应对任务规划中的挑战,为未来开发智能化、灵活性和高效性的无人系统任务规划技术奠定坚实基础。

7.3 未来学习和研究的建议

在未来学习和研究无人系统任务规划的领域,研究者们需要深入挖掘技术创新、应用拓展和社会影响等方面的潜力,以实现该领域更加全面、深入的发展。首先，技术创新将成为关键所在。在这个领域，深度学习、强化学习等人工智能技术的不断进步对提升任务规划的智能化水平具有深远影响。未来的研究应当着眼于进一步提高系统对任务环境的理解和适应能力，使智能算法能够更全面、更有效地规划和执行各类任务。因此，未来学习和研究无人系统任务规划的领域需要关注以下七个方面，以推动该领域的进一步发展。

1. 深入理解人工智能技术

在人工智能技术不断发展的趋势下，未来的学习和研究应深入探讨深度学习、强化学习等前沿技术在无人系统任务规划中的广泛应用。深度学习作为一种模仿人脑神经网络结构的技术，有望使系统更加善于处理复杂、大规模的数据，提高对任务环境的感知和理解能力。同时，强化学习的引入将有助于系统在执行任务时不断从经验中学习，逐步优化决策策略，从而提高系统的智能水平。

深刻理解这些技术的原理和算法，将有助于研究者更好地利用它们来解决无人系统任务规划中的问题与挑战。通过对深度学习和强化学习等技术的深入研究，可以提高系统的自主决策和执行能力，使其更灵活、更智能地应对各种任务环境。这种深刻的理解还有助于推动人工智能技术在无人系统领域的创新和进步，为未来的任务规划提供更强大的工具和方法。

未来的研究者应该积极参与并引领这些前沿技术的研究，通过不断地深化对人工智能原理的理解，为无人系统任务规划的发展注入更多的创新力量。这不仅有助于提高任务规划的效率和智能化水平，也为未来人工智能在各个领域的应用奠定了坚实的基础。

2. 多学科交叉研究

未来的研究者在无人系统任务规划领域应加强跨学科的合作，促进计算机科学、控制理论、人工智能、机器学习等多个学科领域之间的紧密交流。通过跨学科研究，研究者们能够更全面地理解任务规划领域所面临的复杂问题，并寻求跨学科解决方案，以提高系统的性能和适应性。

计算机科学为无人系统任务规划提供了算法和计算方法的基础，而控制理论则有助于优化系统的动态控制，确保任务执行的稳定性和可控性。人工智能和机器学习则为系统的智能化提供了关键支持，使系统能够更好地学习和适应各种任务环境。

跨学科研究的核心在于将不同领域的专业知识进行整合，形成更为综合的研究视角。例如，结合计算机科学和机器学习的方法，可以开发出更智能、自适应的任务规划算法。同时,控制理论的引入有助于优化系统的动态控制,确保系统在执行任务时能够稳定、可控。通过这种跨学科研究的方式,可以更好地应对无人系统任务规划领域的挑战,推动技术的不断创新,使无人系统在未来能够更为智能、灵活、高效地执行各类任务。这种协同合作的研究模式将为无人系统任务规划的发展提供更为丰富的思路和解决方案。

3. 关注实际应用场景

将研究的焦点聚集在实际应用场景中是未来无人系统任务规划领域的重要方向。特别是在医疗、农业、救援等领域,深入了解各自的需求和挑战,对于设计和优化无人系统任务规划算法具有关键性的意义。以下是对这一研究方向的扩展。

在医疗领域,无人系统任务规划可以应用于自主执行医疗物资的运输、远程手术支持以及医疗设备的维护等方面。通过深入了解医疗机构的实际需求,研究者可以针对性地优化任务规划算法,确保系统在复杂的医疗环境中能够高效协同工作,提高医疗服务的质量和效率。

在农业领域,无人系统任务规划可以用于智能农业勘测、作业规划以及农业机械的自主协同。通过深入了解农业生产的实际情况和需求,研究者可以定制出更为智能化、适应性更强的任务规划方案,提高农业生产的效益和可持续性。

在救援领域,无人系统任务规划的应用可以涵盖灾害响应、搜救行动等多个方面。通过深入了解不同灾害情境下的紧急需求,研究者可以优化任务规划算法,使无人系统能够快速响应、高效协同,提高救援行动的及时性和成功率。

将研究重点放在这些实际应用场景中,不仅有助于解决现实生活中存在的问题,还能够推动无人系统任务规划技术的发展和创新。通过与各个领域的专业人士深入合作,研究者可以更全面地理解实际需求,为无人系统在不同领域的应用提供更为有效的解决方案。这种以实际应用为导向的研究模式将为无人系统任务规划的未来发展带来更为实质性的成果。

4. 数据管理和隐私保护

未来的研究需要更深入地关注大规模系统数据管理所面临的挑战,特别是在数据量不断增长的背景下。研究人员应该致力于寻找创新的、高效的数据管理方法,以确保无人系统任务规划在处理海量数据时能够保持实时性和准确性。以下是对这一研究方向的扩展。

在数据采集方面,研究人员可以探索先进的传感技术和数据采集设备,以更快速、精确地获取任务执行过程中所需的信息。利用先进的传感器、摄像头和其他感知设备，不仅可以提高数据采集的效率，还能够增加对任务环境的全面感知，为系统决策提供更为准确的信息。在数据存储方面，研究人员需要关注大规模系统数据的长期保存和管理。探索高容量、高性能的存储解决方案，并考虑利用分布式存储和云计算等技术，以应对数据量的不断增加。同时，关注数据安全和备份机制，确保数据的完整性和可靠性。在数据处理方面，研究人员可以借鉴先进的数据处理和分析技术，包括机器学习、深度学习等，以更有效地从海量数据中提取有用信息。优化数据处理算法，提高系统对任务环境的理解和适应能力，是未来研究的重要方向。在数据传输方面，研究人员需要考虑如何在大规模系统中实现高效的数据传输，特别是在复杂环境中的实时任务执行过程中。利用先进的通信技术和网络优化方法，确保数据在系统各个模块之间能够快速传递，以支持系统的实时决策和协同工作。在隐私保护方面，研究人员应该注重在数据管理过程中采取有效的隐私保护措施。这包括数据加密、身份验证和访问控制等技术，以确保敏感信息不被未授权访问和利用。

未来关于数据管理的研究应该以提高系统性能、保障数据安全和隐私为目标，以应对大规模系统数据管理的复杂挑战。通过在数据管理领域的创新，研究者能够为无人系统任务规划提供更强大的数据支持，推动该领域进一步发展。

5. 伦理和法律考虑

未来的研究需要深入关注随着无人系统广泛应用而凸显的伦理和法律问题，以确保无人系统的发展在合理、安全和道德的框架下进行。以下是对这一研究方向的扩展。

在伦理准则方面，研究人员应当深入探讨无人系统在不同应用场景下可能引发的伦理挑战，如隐私侵犯、人工智能算法的公平性、自主决策的责任归属等。制定明确的伦理准则，引导无人系统的设计和操作符合社会的伦理道德标准，是未来伦理研究的关键方向。在法律问题方面，研究人员需要深入了解各国法规对无人系统的相关规定，以及在不同领域的应用中可能涉及的法律责任。通过研究法律框架，可以为相关行业提供法规依据，防范潜在的法律风险。此外，研究人员还可以考虑跨国法律合作和标准制定，促进无人系统领域的国际法规协调。伦理和法律问题的交叉研究是未来的重要方向，研究人员可以深入分析法律法规对伦理准则的反映和支持，同时也需要考虑伦理准则如何在法律框架内得到体现。这种综合研究将有助于建立更为健全和有力的法律和伦理体系，为无人系统的可持续发展提供法律和伦理的双重支持。

此外，未来研究还应聚焦于伦理和法律问题的前沿议题，如自主系统的伦理决策、面向无人系统的专业伦理培训等方面。通过深入探讨这些问题，研究者可以为未来无人系统的规范和管理提供更为全面的指导。未来关于伦理和法律问题的研究将为无人系统在社会中的广泛应用提供可持续的法律和伦理基础，确保其发展符合人类的价值观和法治原则。

6. 开发开放性框架

在建立开放性框架以促进学术界和工业界之间合作方面，具体建议如下。

首先，建议设立开放平台，提供学术研究者和工业从业者共同使用的资源和工具。这个平台可以包括数据集、仿真环境、算法库等，使学术界的新算法能够在实际工业场景中得到验证。通过共享资源可以降低技术应用的门槛，促进更多研究成果的落地。其次，建议定期组织学术研讨会和工业应用研讨会，为学术界和工业界提供交流的平台。这样的研讨会可以促使学术研究者更深入地了解实际挑战和需求，同时使工业界了解最新的学术研究成果。通过交流，双方可以更好地理解彼此的需求和期望，为合作搭建更加有效的桥梁。再者，建议设立联合研究项目，由学术界和工业界联合申请和开展研究。这样的项目可以将学术界的专业知识和工业界的实际问题结合起来，推动新算法的研究和实际应用。通过共同投入资源和人力，有望取得更具深度和实践价值的研究成果。最后，建议设立奖励机制，鼓励学术界和工业界的合作。可以设立奖项，奖励在学术研究和实际应用方面取得显著成就的团队。这样的奖励机制可以激发更多的研究者和从业者参与到跨界合作中，推动整个领域的进步。

通过以上建议，可以建立一个开放性的框架，促进学术界和工业界在无人系统任务规划领域的深度合作，共同推动新算法的研究和实际应用，实现理论与实践的良性互动。

7. 考虑人机协同

未来的研究可以更加注重人机协同的任务规划，将人类与无人系统的协同工作方式作为一个重要研究方向。深入了解人类在任务规划中的需求、习惯和反馈机制，以此为基础设计更加智能、人性化的任务规划系统，实现更紧密、高效的人机协同。

通过深入分析人机协同任务规划的场景和需求，研究者可以开发出更符合人类认知和行为模式的系统。这涉及考虑人类决策的因素、沟通的方式，以及在协同工作中的实时反馈机制。通过整合这些因素，无人系统任务规划可以更好地适应人类的工作方式，提高协同效率。关注人机协同的研究还有助于优化用户界面和交互方式，使其更加友好和易用。通过深入了解人机交互的心理学和人类工程学原理，设计出更符合人体工学的界面，降低用户的操作负担，提高系统的可用性。

将人机协同作为重要研究方向，深入挖掘人类与无人系统协同工作的机制，可以为未来的任务规划系统带来更大的创新和提升，使其更好地服务于人类需求，实现真正意义上的智能协同。

综上，研究者可以为无人系统任务规划领域的发展提供有益的贡献，推动这一领域向着更先进、更智能的未来迈进。

习题 7

1. 简述无人系统任务规划未来发展的主要趋势。
2. 讨论多模态感知融合技术在无人系统任务规划中的作用。
3. 为什么说协同和群体行为在未来无人系统任务规划中越来越重要？
4. 解释实时数据分析和决策对无人系统任务规划的影响。
5. 为什么说基于仿生技术的无人系统将在未来战争中发挥重要作用？
6. 简述无人系统任务规划规模化应用和行业融合的意义。
7. 讨论可持续能源和长时间任务对无人系统任务规划的影响。
8. 为什么说跨学科研究是推动无人系统任务规划技术发展的关键？

参考文献

[1] 王剑文, 戴光明, 谢柏桥, 等. 求解 TSP 问题算法综述[J]. 计算机工程与科学, 2008, 30(2): 72-75.

[2] 王晓晖. 动态不确定环境下深空探测器自主任务规划方法研究[D]. 南京: 南京航空航天大学, 2017.

[3] 毛红保, 田松, 晁爱农. 无人机任务规划[M]. 北京: 国防工业出版社, 2014.

[4] 郑昌文, 严平, 丁明跃, 等. 飞行器航迹规划[M]. 北京: 国防工业出版社, 2008.

[5] 龙国庆, 祝小平, 周洲. 多无人机系统协同多任务分配模型与仿真[J]. 飞行力学, 2011, 29(4): 68-71.

[6] 龙涛, 朱华勇, 沈林成. 多 UCAV 协同中基于协商的分布式任务分配研究[J]. 宇航学报, 2006, 27(3): 457-462.

[7] 龙涛, 沈林成, 朱华勇, 等. 面向协同任务的多 UCAV 分布式任务分配与协调技术[J]. 自动化学报, 2007, 33(7): 731-737.

[8] 卢厚清, 王辉东, 黄杰, 等. 任务均分的多旅行商问题[J]. 系统工程, 2005, 23(2): 19-21.

[9] 田菁. 多无人机协同侦察任务规划问题建模与优化技术研究[D]. 长沙: 国防科技大学, 2007.

[10] 白瑞光, 孙鑫, 陈秋双, 等. 基于 Gauss 伪谱法的多 UAV 协同航迹规划[J]. 宇航学报, 2014, 35(9): 1022-1029.

[11] 邢立宁, 陈英武. 任务规划系统研究综述[J]. 火力与指挥控制, 2006, 31(4): 1-4.

[12] 朱剑佑. 无人机任务规划研究[J]. 无线电工程, 2007, 37(12): 56-58.

[13] 刘刚, 王瑛, 张发, 等. 合同网协议协商机制收敛性与收敛速率分析[J]. 控制与决策, 2014, 29(6): 1027-1034.

[14] 刘海峰. 战术飞机任务推演中的威胁空间建模方法研究[D]. 长沙:

国防科技大学,2006.

[15]刘新艳,黄显林,吴强. 国外任务规划系统的发展[J]. 火力与指挥控制,2007,32(6):5-9.

[16]苏菲. 动态环境下多UCAV分布式在线协同任务规划技术研究[D]. 长沙:国防科学技术大学,2013.

[17]李红亮,宋贵宝,刘铁. 基于自适应A*算法和改进遗传算法的反舰导弹航路规划[J]. 弹箭与制导学报,2013,33(2):7-11.

[18]李红亮,曹延杰,宋贵宝. 反舰导弹协同任务规划系统研究[J]. 飞航导弹,2012(9):40-44.

[19]李季,孙秀霞. 基于改进A-Star算法的无人机航迹规划算法研究[J]. 兵工学报,2008,29(7):788-792.

[20]李崇. 面向联合作战任务规划的冲突检测与消解方法研究[D]. 南京:南京理工大学,2021.

[21]肖支才,程春华. 基于改进遗传算法的反舰导弹协同任务规划[J]. 计算机与数字工程,2010,38(5):22-24,41.

[22]何煦虹. 飞航导弹任务规划系统的现状及发展趋势[J]. 飞航导弹,2009(5):15-18.

[23]邹明皓. 视景仿真技术在无人机任务规划中的应用与研究[D]. 成都:电子科技大学,2011.

[24]沈成林,陈璟,王楠. 飞行器任务规划技术综述[J]. 航空学报,2014,35(3):598-600.

[25]宋建梅,李侃. 基于A*算法的远程导弹三维航迹规划算法[J]. 北京理工大学学报,2007,27(7):613-617.

[26]张煜,陈璟,沈林成. UCAV空面多目标攻击三维轨迹规划技术[J]. 国防科技大学学报,2012,34(5):108-114.

[27]陈慧中. 成像卫星任务规划调度机制与辅助决策技术研究[D]. 长沙:国防科技大学,2005.

[28]范洪达,马向玲,叶文. 飞机低空突防航路规划技术[M]. 北京:国防工业出版社,2007:12.

[29]林伟廷. 高空长航时无人机侦察任务规划问题研究[D]. 长沙:国防科技大学,2007.

[30]林海,王静,王文涛,等. 基于分层处理的无人机任务规划[J]. 无线电

工程,2010,40(5):36-39.

[31]欧超杰.多无人机编队控制技术研究[D].南京:南京航空航天大学,2015.

[32]赵田,张炜,吕耀平.任务规划系统发展现状与启示[J].装备学院学报,2016,27(2):30-33.

[33]郝莉莉,顾浩,杨惠珍,等.Simulink/Stateflow的AUV群体协作合同网快速原型仿真[J].火力与指挥控制,2013,38(2):26-30.

[34]胡中华,赵敏.无人机任务规划系统研究及发展[J].航天电子对抗,2009,25(4):49-51,54.

[35]柳林.多机器人系统任务分配及编队控制研究[D].长沙:国防科学技术大学,2006.

[36]姚蔚然.基于多阶段航迹预测的UAVs实时任务规划[D].哈尔滨:哈尔滨工业大学,2015.

[37]唐金国.美军任务规划系统的现状、发展和关键技术[J].军事运筹与系统工程,2003(3):62-64.

[38]彭辉.分布式多无人机协同区域搜索中的关键问题研究[D].长沙:国防科技大学,2009.

[39]彭辉.基于HLA的无人机系统任务推演技术研究[D].长沙:国防科技大学,2004.

[40]谢晓方,孙涛,欧阳中辉.反舰导弹航路规划技术[M].北京:国防工业出版社,2010.

[41]甄子洋,朱平,江驹,等.基于自适应控制的近空间高超声速飞行器研究进展[J].宇航学报,2018,39(4):355-367.

[42]甄子洋,陶钢,江驹,等.无人机自动撞网着舰轨迹自适应跟踪控制[J].哈尔滨工程大学学报,2017,38(12):1922-1927.

[43]雷兴明,邢昌风,吴玲.基于分布式约束优化的武器目标分配问题研究[J].计算机工程,2012,38(7):128-130.

[44]蔡志浩,燕如意,王英勋.无人机遥感多载荷任务规划方法[J].上海交通大学学报,2011,45(2):267-271.

[45]谭跃进,陈英武,罗鹏程,等.系统工程原理[M].2版.北京:科学出版社,2017.

[46]薛毅,耿美英.运筹学与实验[M].北京:北京电子工业出版

社,2008.

[47]戴定川,盛怀洁,赵域.无人机任务规划系统需求分析[J].飞航导弹,2011(3):66-70.

[48] ADIPRAWITA W, AHMAD A S, SEMBIRING J, et al. Reinforcement learning with heuristic to solve POMDP problem in mobile robot path planning[C]//Proceedings of the 2011 International Conference on Electrical Engineering and Informatics. IEEE, 2011: 1-5.

[49]BAI H, HSU D, KOCHENDERFER M J, et al. Unmanned aircraft collision avoidance using continuous-state POMDPs[C]. //Robotics: Science and System Ⅷ. MIT Press, 2012:1—8.

[50]BRY A, ROY N. Rapidly-exploring random belief trees for motion planning underuncertainty [C]//2011 IEEE international conference on robotics and automation. IEEE, 2011: 723-730.

[51]CANDIDO S, HUTCHINSON S. Minimum uncertainty robot path planning using a pomdp approach [C]//2010 IEEE/RSJ International Conference on Intelligent Robots and Systems. IEEE, 2010: 1408-1413.

[52]CAPITAN J, SPAAN M T J, MERINO L, et al. Decentralized multi-robot cooperation with auctioned POMDPs [J]. The International Journal of Robotics Research, 2013, 32(6): 650-671.

[53] CASSANDRAS C G, LI W. A receding horizon approach for dynamic UAV mission management [C]//Enabling Technologies for Simulation ScienceⅦ. SPIE, 2003, 5091: 284-293.

[54]CECCARELLI N, ENRIGHT J J, FRAZZOLI E, et al. Micro UAV path planning for reconnaissance in wind [C]//2007 American Control Conference. IEEE, 2007: 5310-5315.

[55] CHONG E K P, GIVAN R L, CHANG H S. A framework for simulation-based network control via hindsight optimization[C]//Proceedings of the 39th IEEE Conference on Decision and Control. IEEE, 2000: 1433-1438.

[56] CHONG E K P, KREUCHER C M, HEROⅢ A O. Partially observable Markov decision process approximations for adaptive sensing[J]. Discrete Event Dynamic Systems, 2009, 19(3): 377-422.

[57] COWLAGI R V, TSIOTRAS P. Beyond quadtrees: Cell

decompositions for path planning using wavelet transforms[C]//2007 46th IEEE Conference on Decision and Control. IEEE, 2007: 1392-1397.

[58]DADKHAH N, METTLER B. Survey of motion planning literature in the presence of uncertainty: Considerations for UAV guidance[J]. Journal of Intelligent & Robotic Systems, 2012, 65: 233-246.

[59]DAVIS D T, BRUTZMAN D. The autonomous unmanned vehicle workbench: Mission planning, mission rehearsal, and mission replay tool for physics-based x3d visualization [C]//Proceedings of the 14th International Symposium on Unmanned Untethered Submersible Technology. Antonomous Undersea Systems Institute(AUSI), 2005.

[60]DEHGHANI M A, MENHAJ M B. Integral sliding mode formation control of fixed-wing unmanned aircraft using seeker as a relative measurement system[J]. Aerospace Science and Technology, 2016, 58: 318-327.

[61]DONG T, LIAO X H, ZHANG R, et al. Path tracking and obstacles avoidance of uavs-fuzzy logic approach[C]//The 14th IEEE International Conference on Fuzzy Systems. IEEE, 2005: 43-48.

[62]FLINT M, POLYCARPOU M, FERNANDEZ-GAUCHERAND E. Cooperative control for multiple autonomous UAV's searching for targets [C]//Proceedings of the 41st IEEE Conference on Decision and Control. IEEE, 2002, 3: 2823-2828.

[63]GEIGER B, HORN J, DELULLO A, et al. Optimal path planning of UAVs using direct collocation with nonlinear programming[C]//AIAA Guidance, Navigation, and Control Conference and Exhibit. 2006: 6199.

[64]GEYER C. Active target search from UAVs in urban environments [C]//2008 IEEE International Conference on Robotics and Automation. IEEE, 2008: 2366-2371.

[65]HE R, BACHRACH A, ACHTELIK M, et al. On the design and use of a micro air vehicle to track and avoid adversaries[J]. The International Journal of Robotics Research, 2010, 29(5): 529-546.

[66]JIN Y, LIAO Y, MINAI A A, et al. Balancing search and target response in cooperative unmanned aerial vehicle (UAV) teams[J]. IEEE Transactions on Systems, Man, and Cybernetics, Part B (Cybernetics), 2006,

36(3): 571-587.

[67] KIM P K. Model-based planning for coordinated air vehicle missions [D]. Cambridge: Massachusetts Institute of Technology, 2000.

[68] LE CAM L M, YANG G L. Asymptotics in statistics: some basic concepts[M]. Berlin: Springer Science & Business Media, 2000.

[69] LEVCHUK G M, LEVCHUK Y N, LUO J, et al. Normative design of organizations. II. Organizational structure[J]. IEEE Transactions on Systems, Man, and Cybernetics-Part A: Systems and Humans, 2002, 32(3): 360-375.

[70] Office of the Secretary of Defense. Unmanned Systems Roadmap 2007-2032[R]. Washington DC: Department of Defense, 2007.

[71] Office of the Secretary of Defense. Unmanned Systems Roadmap 2009-2047[R]. Washington DC: Department of Defense, 2009.

[72] REN W, BEARD R W, ATKINS E M. Information consensus in multivehicle cooperative control[J]. IEEE Control Systems Magazine, 2007, 27(2): 71-82.

[73] SUD A, ANDERSEN E, CURTIS S, et al. Real-time path planning in dynamic virtual environments using multiagent navigation graphs[J]. IEEE Transactions on Visualization and Computer Graphics, 2008, 14(3): 526-538.

[74] THOMAS P C. Director, Operational Test and Evaluation FY 2004 Annual Report[EB/OL]. (2004-01-01)[2024-05-05]. https://apps.dtic.mil/sti/citations/tr/ADA430414.

[75] VALENTI M, SCHOUWENAARS T, KUWATA Y, et al. Implementation of a manned vehicle-UAV mission system[C]//AIAA guidance, navigation, and control conference and exhibit. 2004: 5142.

[76] WU G, CHONG E K P, GIVAN R. Burst-level congestion control using hindsight optimization[J]. IEEE Transactions on Automatic Control, 2002, 47(6): 979-991.

[77] YONG C, BARTH E J. Real-time dynamic path planning for Dubins' nonholonomic robot[C]//Proceedings of the 45th IEEE Conference on Decision and Control. IEEE, 2006: 2418-2423.

[78] ZELTZER D, DRUCKER S. A virtual environment system for mission planning[C]//Proceedings 1992 IMAGE VI Conference. 1992.